万物的规则

从已知到未知

田寒松 / 著

中国青年出版社

目 录

　　本书的写作源于这样一个问题：如果有一个架空的世界，如果一切都可以随心意设计，怎样的物质结构才能导致相对论效应这样的物理现象？

　　这本来只是自己的一个思维游戏，没想到很容易就找到了一种可能性，也就是本书将用到的光子钟模型，并自然地得出进一步的结论：如果质量粒子可以被解释为在特定空间位置内振动的光子，爱因斯坦的狭义相对论与牛顿的经典物理也许只有时空观取用上的差别。甚至，虽然相对论的思路更便于计算与应用，但经典物理的角度更贴近物理上的本质。

　　很显然，即使这个可能性能够解释一些关于相对论的疑问，这个思路也与当下主流的物理学认识有太大差别。更重要的是，这个思路避不开以太假说，而众所周知以太是一个早已"无用"的物理概念，所以我不得不去查证以太被剔除的逻辑，却发现前人剔除以太的逻辑并不是那么严谨，洛伦兹等人对以太的理解似乎也存在瑕疵。

如果按一百年以前的旧认知，认为空间中存在有以太海，那光子应该被看做以太海的波动。而如果粒子又真的可被视为在特定空间位置内振动的光子，那空间中的以太海、波动中的光子，当然还有质量粒子，都应当被看做由"以太"这种元素构成的造物，而这就是本书中被提到的"物质以太"。

的确我也深知，和以太关联的观点与当下的主流认知可谓天差地别，而这样的观点是否能够立足，后续的展开又是否可信，这个思考将贯穿全书。

在将对以太的理解更迭为"物质以太"以后，我试着把以太海也纳入现代物理学的架构，并想象光子或粒子如何与以太海发生作用，却发现以前难于解释的波粒二象性与物质波，竟然可以在经典物理的框架内得到理解，而且与相关物理公式结合得很好，不再需要采用与宏观物理不同的任何量子力学诠释。

然而，这个思路不仅仅需要对历史上的以太假说进行"修复"，它还会与当下流行的夸克假说相冲突，因为它会推理得出一个全新的粒子模型。我不禁自问，这个思路真的可以继续吗？在进一步思考后，我意识到玻尔模型中的基态轨道周长也许正是基态电子的物质波波长，而质子的周长也应该与构成质子的光子的波长相关。当做出相应的模型以后，数据的查证就非常简单，可以说，目前人类测量到的质子半径与质量数据，在数学上验证了这个粒子模型的正确性。

以往的经典物理无法彻底解释玻尔模型，所以必须引入量子力学中的理念进行补充。但在引入以太海假设并重新理解物质波以后，微观与宏观的物理规则似乎被打通，甚至让我们可以从物理模型上解释为什么质子的微观结构必须是由若干光子组成，以及这些光子是如何定量定性地发生作用的，相对论物理、量子论物理和经典物理也随之变成一个整体。我意识到这些也许不只是一场思维游戏，不是一个架空的世界，而是真实世界的底层物理机制。顺着这个思路一点点探索，也就有了本书的内容——在"物质以太"的假设下，在一个全新的粒子模型假说下，将物理学中原本分立的内容统一，也给出对万有引力、暗物质、暗能量等的解释；借助物理学上的一些知名实验，对以太的存在及其物理性质做出说明与自证。

如果这个体系所描述的果真是这个宇宙的底层运作规则，它必然可以解释所有物理现象，也可以应用到物理学的全部领域。与此相关的查找、思考、计算与自证工作，占用了我太多的时间，不过庆幸的是，似乎已知的物理现象都可以融入，没有违和感。

毫无疑问，相对论和量子论是切实可用的，而至于它们背后的物理机制，前人也已经给出了自己的猜测。本书在介绍这些内容的同时，也将试着给出一份新的诠释。

书中的内容并未囊括我的全部思考，只是一个相对容易被普通读者理解的主脉络。物理学的枝叶太多，许多领域何其艰深，我只能大着胆子提出自己的观点，基于抛砖引玉、引发讨论的目的，试着用容易被大众理解的语言把这个方向展示给大家，而需要由专业物理研究者跟进的后续工作还有许多许多。

但这主脉络要比量子力学的种种诠释容易理解得多，因为它既不需要多高深的数学手段，也不违背人们日常生活中的直觉，于是便促成了本书。

但把这些内容用科普的语言表达出来同样并非易事，为了让读者更全面准确地了解当下物理学中的种种理念，我最终决定并行着用两套思路讲解物理学中的典型现象与核心问题。一套思路是当今时代的主流思路，也就是相对论、量子论、标准模型与四维时空结构，另一套则是拓展后的以太假说及其体系，以及"被补充"的经典物理。我尝试尽可能详尽地向大家展示物理学观念的古今变化、对核心疑问的不同理解，以方便读者了解与比照。

但请本书的读者务必注意，书中与现在公认物理学不一致的观点，仅是笔者的个人观点，虽然笔者已尽力将其严密论证，但难免有所疏漏，当看到这类内容时，还请读者甄别，批评指正。

物理学是一门古老的学科，它脱胎于自然哲学，已经发展了千年。物理学也是一门全新的学科，因为它在不断更迭，蓬勃发展。人类文明的每一次进步，都与其息息相关，而人类文明在未来的每一次跳跃，同样离不开物理学的进步。

希望读者能在本书中了解到现代物理学的基础知识，也能开阔思维，为物理学的前进添砖加瓦。

感谢您的阅读。

田寒松

第一章
物理学的过去与现在

物理学是一门承前启后的学科。

它始于两千多年以前古希腊自然哲学的萌芽，经历文艺复兴后近代自然科学的兴盛，之后相对论与量子力学在一百年以前被创立，标志着现代物理学的出现，继而粒子加速器被建起，哈勃空间望远镜被发射……时间流逝，到现在，探索仍在继续。

在认知万物这条道路上，人类一直在摸索前进，它的终点必然是了知万物的一切规则，而它的起点是什么，中间又经历了怎样的故事？

让我们从头说起。

历史上的以太

对于当今时代而言，以太是一个可有可无的模糊概念。

绝大多数人是通过"以太网"（Ethernet）这个词才保留了对以太这个词汇的认知，以太网的原意正是"无所不在的网络"，这是信息时代的物理基础。

以太是一个物理学上的词语，但它却不是现在任何物理教材中的内容，只有一些科普书籍在涉及经典物理学史时才会轻描淡写地提起这个概念并一带而过。

但如果深入探求我们会发现，以太在物理史上占有过举足轻重的地位，甚至可以说，光学、力学和电磁学的发展，都与对以太这种假设物质的猜想密切相关。

以太是一个颇为古老的概念，它的提出者是古希腊哲学家亚里士多德，他认为地上的一切都由土、气、水、火这四种元素组成，天空中的一切则由另一种更纯净的元素组成，他将其命名为以太，也就是第五元素。

在古代自然科学时期，以太这个词语第一次出现，它来源于哲学家对宇宙本质的想象与思考。当时人们认为，以太是天空中的元素。如果让笔者对其划分，会认为这是人类对以太的第一代认知。

到了 17 世纪，被誉为近代科学始祖的法国数学家、物理学家、哲学家笛卡尔在 1644 年发表了《哲学原理》，首次将以太引入物理学，并赋予它力学的性质。

在笛卡尔看来，物体之间的作用力不应跨越空间而发生，必须紧贴才能出现的推力或摩擦力是这样，隔着空间发生作用的磁力或潮汐力（月球对大海的引力）也应该是这样。磁力与引力看似可以隔着空间发生作用，但这只能说明现实空间中不可能真的空无所有，它必须被某种媒介物质所充满，虽然这种媒介物质不能为人的感官所察觉，但它可以传递力的作用。

在笛卡尔的世界里，即使在真空中也充满了以太这种空间物质，他认为以太是容易运动的，以太这种假设物质围绕太阳形成漩涡，裹挟着各大行星随之旋转，这导致太阳系的形成。这就是笛卡尔的"以太漩涡理论"，也是 17 世纪最权威的宇宙论。

以太是力的远距离传递介质，在笔者看来，这是对以太的第二代认知。

在发现光具有波动性以后，英国的胡克与荷兰的惠更斯都将空间中的以太当作光波在传递时的荷载物，并用波动学说的方法开始对光进行研究。

但光具有波动性这件事并不那么容易被当时所有人接受，因为光一直被认为是一种微小的粒子。大科学家牛顿就是持这种观点的。在万有引力定律的发现者身份上，牛顿斗赢了胡克；在光到底是波动还是粒子的问题上，他也压制住了惠更斯。不过，虽然各自的理论与认识不同，牛顿的力学与光学体系仍然构建于以太观念的基础之上。

在那个时代，绝大部分人都相信以太存在，因为如果没有这种神奇的物质，人们不但无法想象引力如何才能跨越空间发生作用，也无法解释光波如何才能在空间中传播。而且，有亚里士多德"自然界厌恶真空"这样的名言在先，所以"以太这种物质充满了空间"符合那个时期人们的认知。只不过当时还没有人找到办法来直接证明以太这种物质的真实存在。

1818 年以后，通过诸如"泊松亮斑""双缝干涉"等光学实验，科学界终于确认光的确具有波动性。而按宏观世界中的经验，波动现象总要依赖于某种介质，这似乎能间接佐证以太的存在。由此人们认为，空间中存在以太海是确定无疑的，而以太海是光波的介质。

这个时期的以太被称为"光以太"，这是对以太的第三代认知。

到了 18 世纪，人们开始对电磁现象进行科学研究。很多人可能知道麦克斯韦方程组是现代电磁学的重要基础，也知道麦克斯韦首先提出了"光就是电磁波"这种观点，但你可能不知道，他同样是以太论的支持者。

麦克斯韦认为以太正是电磁学在物质上的基础，电场与磁场只是以太海的不同状态，而电磁波也仅仅是以太海中以太的波动。当他宣布自己不朽的麦克斯韦方程组以后，顺势修正了以往人们关于"光以太"的说法，代之以"电磁以太"。

后来的德国学者赫兹是麦克斯韦电磁以太观点的忠实信徒。赫兹于 36 岁时病逝于德国波恩，但直到生命的最后他都致力于通过实验来证明以太的存在。

1888 年，赫兹完成了火花实验，他在黑暗的房间里观察到电火花，验证了麦克斯韦对电磁波的猜测。但在赫兹看来，这不仅是对电磁波存在的证明，也是以太海与电磁以太存在的证明。

如果电磁波的本质可以被认为是以太海的波动，电磁场的本质是以太海的特殊状态，那电磁场中的力也应当与以太有关。

现在，让我们把视线转向荷兰物理学家洛伦兹。我们知道，磁场对运动电荷的力被称为洛伦兹力，其命名来源于它的发现者洛伦兹，他同样是以太论的坚定支持者。洛伦兹在 1895 年提出了电子论，他认为一切宏观物质都由微观的带电粒子通过电磁作用组成。因此，一切物质之间的力，其本质无非电磁力与万有引力，它们都应当源于以太这种物质。

我们可以看到，在进入 20 世纪以前，经典物理学的发展与对以太这种假设物质的探寻是分不开的，而以太是 19 世纪末物理学领域的明星。在那个时代的研究者看来，以太是自然界中所有力与相互作用存在的基础，宇宙中的一切物理现象无外乎"原子"与以太，这是一切物理研究的根本所在。美中不足的仅仅是以太这种物质无法被我们的感官察觉。不过大家都相信，随着科学技术的发展，我们必然能更好地了解以太这种物质的特性。

以太能承载电磁作用，"电磁以太"是对以太的第四代认知。

如前所述，亚里士多德提出了以太这个概念，笛卡尔为了解释力的远距离作用（磁力与潮汐力）而引入了以太，之后人们为了解释光的传播，更需要假定"光以太"这种看不见的媒介真实存在，到了麦克斯韦与洛伦兹这里，光学、电磁学甚至力学都可以用"电磁以太"进行解释。

在距今一百多年以前"电磁以太"的鼎盛时期，科学界对以太的第四代认知具体而言是这样的：

以太填满空间形成了以太海，引力的实现与光的传播都依赖于以太海的存在。既然光或电磁波能在宇宙空间中传播，既然天体之间存在引力，宇宙空间中自然也充斥着以太海，我们的地球同样被浸泡在以太海中。正是基于无处不在的以太海，物理学中的各种作用才得以实现。

物理学的研究者们需要一种物质来承载力的超距作用与光的传播，以太的相关假设满足了这一需求。但关于以太的所有假设只能被称为"以太假说"，因为这种理应存在的物质是如此难以捉摸，它不仅不被人所感知，哪怕在实验室中也不容易找到它的踪迹——从 16 世纪开始，人们一直在猜测以太应该具有怎样的物理作用，猜测它会与哪些物质反应，并为此设计了一些实验，其中较为著名的有 1859 年斐索的流水实验。

法国科学家斐索 1849 年就在实验室中测量出光速，并在次年测量出光在水中传播的速度。他通过实验证实了光在水中的速度慢于光在空气中的速度，这可以说是光的微粒说与波动说之间决定胜负的判决性实验。斐索是实验物理的一位先驱者，但连他在用实验证明以太存在这一问题上也铩羽而归。

斐索的流水实验是基于第三代对以太的认知，也就是基于"光以太"的猜测而设计的，而麦克斯韦到 1865 年才提出第四代"电磁以太"的观点，赫兹的火花实验则完成于 1888 年。

赫兹同样是实验物理的一位高手，他不只通过火花实验证明了电磁波的存在，也通过测量电磁波的速度证明了光同样是一种电磁波。更重要的是，在赫兹看来，电磁波是以太海的波动，通过火花实验他已经证实了麦克斯韦假设的"电磁以太"是存在的。

然而，在他完成火花实验以前，出了一个谁也没想到的意外。

从巅峰到末路

1887 年，就在赫兹完成火花实验的前一年，一个可谓轰动性的实验动摇了以太在物理学中的地位。

这就是迈克尔逊—莫雷实验[①]，简称莫雷实验，也有人称其为以太漂流实验。

在笛卡尔时期的第二代以太认知中，以太在宇宙中处于流动状态，然而在"光以太"与"电磁以太"的观点里，人们假定空间中的以太相对于宇宙空间是静止的，既然地球在以太海中穿行，那么在地球与空间中的以太之间应该会发生相对运动，基于这种相对运动，人们就有可能找到方法对其进行探测。

基于此，1879 年，也就是麦克斯韦离世的那一年，麦克斯韦提出了一个方案：如果让光线分别在平行和垂直于地球运动的方向等距离地往返传播，平行于地球运动方向上所花的时间，将会与垂直方向上所花的时间不同。

---

① 迈克尔逊—莫雷实验（Michelson-Morley Experiment）：该实验由迈克尔逊1881 年初次进行，而后与莫雷合作，于 1887 年进行更精细的实验。

举个例子。如果我们从岸上朝湖里扔下一块石头，会在水面上形成一个环形的涟漪。仔细观察的话，我们会看到各方向水波的波速都是相同的。但如果我们乘坐在一艘快艇上，再去观察一块石头激起的环形涟漪，我们就会发现，在快艇前进的方向上水波的速度较慢，而快艇远离的方向上水波的速度会快一些，因为此时这艘快艇的速度也要纳入计量。

这是一个来源于现实生活的认知，无论水波还是声波都显现出这样的规律。而在麦克斯韦的方案中，在以太海中移动的地球正是那一艘快艇，因此我们在地球上观测到各个方向的光波也应当具有不同的速度。

在牛顿的经典物理体系下，麦克斯韦的这个思路无疑是指路明灯，人们不但看到了证明以太存在的途径，更能借此知道地球在宇宙中运行的速度与方向。很快，就在两年以后，美国光学家迈克尔逊于 1881 年设计出光的干涉仪，让麦克斯韦当初设想的方案可以通过实验来验证。

迈克尔逊通过干涉仪发射出两束光，让一束光与地面平行，另一束光与地面垂直，然后在相同距离处放置反射镜，将光线反射到干涉仪的投影屏上。

因为地球在自转，所以在与地面水平的方向上，迈克尔逊的仪器必然会有一定的速度，因此与地面平行的光往返所用的时间，应该会不同于与地面垂直的光的往返时间，这两束光最终应当发生干涉，我们也可以在投影屏上观测到对应的干涉图样。

出人意料的是，人们预想的干涉现象始终没有出现，这似乎表明，以太与地球的相对运动速度是零。

这个实验的结论令人费解，迈克尔逊开始怀疑自己干涉仪的精细度是否不足，于是他又与莫雷合作设计了更精准的实验仪器，并在 1887 年再次进行了一系列广为人知的相关实验，但是，预料中必然出现的干涉现象仍然没有出现。

莫雷实验的设计目的是验证以太的存在，同时找出地球在宇宙中的运动速度与方向[1]，因为那时人们一致认为以太海充斥整个宇宙，地球在以太海中漂流，但这个实验却给出了出乎预料的回答。

与此同时，莫雷实验的结果引出太多疑团——不但测量不出地球相对于以太海的速度，甚至连已知的地球公转速度与自转速度也测量不出来，而实验本身的设计精度已经非常高，可为什么会是零结果呢？难道是实验设计思路上的问题？人们不禁开始怀疑，或许麦克斯韦有关"电磁以太"的说法同样存在问题，以太并不存在，而光的传播另有规律？

毕竟，除了以太的不可见让人不安以外，它还有一些让人费解的地方，比如有一个与以太海密度相关的悖论：宏观可见的物质能够在其中移动而不与空间中的以太发生碰撞，这说明以太海中以太的密度应当低到可以忽略不计。可按照波动理论，波动的速度由介质的密度决定，而在 19 世纪时人们认为光速是31.5 万千米每秒[2]，这是一个超乎想象的速度，也说明以太海中

---

[1] 早在 1783 年，恒星天文学之父威廉·赫歇尔（Friedrich Wilhelm Herschel）就已宣称太阳正朝着武仙座的方向移动。

[2] 这是斐索的测量值，与现代科学界的测量值 299792458 米每秒相当接近。

的以太密度应该是极大的，以太海必须是一个极端刚性的致密结构。这两个认知之间显然出现了矛盾。那么，莫雷实验背后的物理机制是什么？人们对以太的猜测是否存在问题？或者这里还隐藏着其他不为人知的细节？整个科学界陷入了沉思。

在这样的大环境下，虽然赫兹在 1888 年证明了麦克斯韦基于以太预测的电磁波真实存在，也验证了光就是一种电磁波，但由于以太的地位已经岌岌可危，所以这个实验只能证明电磁波的存在，而不能如赫兹所想，作为"电磁以太"存在的证据。

为了解释莫雷实验中的零结果，荷兰物理学家洛伦兹于 1892 年给出了自己的解读，也就是"量杆收缩假说[①]"。

洛伦兹认为，宏观可见的物体由许许多多带着电荷的微小粒子组成，这些带电的微小粒子通过电磁力之间的平衡构成宏观上的物体。当物体以某一个速度在以太海中移动时，这些带电粒子之间的电磁平衡会受到影响。速度会使这些带电粒子彼此之间的空间距离缩小，而宏观可见的物体在空间中的长度也会随之缩小。物体的运动速度越快，在运动方向上物体的长度就会缩减得越多。

也就是说，如果地球上的一切物质都由带电荷的微小粒子组成，那么在地球运动的方向上，地球以及迈克尔逊干涉仪的空间长度都会缩短。而如果在这个过程中，还是因为地球的运动，地球上一切物质所"感知"的时间也会发生变化，那就可以解释莫雷实验中的现象。

---

① 爱尔兰物理学家菲茨杰拉德在 1889 年也提出了类似的观点。

量杆收缩假说可以很好地解释莫雷实验的结果，进而，洛伦兹于 1895 年提出了电子论。而后在 1897 年，英国的汤姆逊在研究稀薄气体放电的实验中，证明了电子的存在，而且他在实验中测量的电子荷质比（电荷与质量的比例）与洛伦兹通过理论给出的预测值相同。这个发现轰动了整个物理学界。

电子的发现似乎验证了洛伦兹理论的正确性，而物体相互接触时的"力"也被确认是电磁现象，划入了"电磁以太"的解释范围。由此在那个时代，洛伦兹成为物理学当之无愧的领军人物，物理学也被认为是以太论的物理学。

遗憾的是，一生都在为证明以太存在而努力的赫兹于 1894 年元旦过早离开了这个世界，并没有享受到以太论在这一刻赢得的欢呼声。可以说，这个瞬间是以太论在历史上的巅峰时刻，洛伦兹则是"电磁以太"最后的旗手。

洛伦兹坚信以太是存在的，只是他认为：

> 以太没有质量，绝对静止，不与任何物质反应，仅仅是电磁运动的荷载物。

虽然洛伦兹用量杆收缩假说对观测不到以太的莫雷实验提供了解释，但大众对以太的质疑并没有结束。下一个关于以太的疑惑来自光速。

按照波动的相关理论，波的速度与其介质密切关联。当时人们认为以太是光的介质，而宇宙空间中的以太又"理所当然"是均匀分布的，所以，光在宇宙空间中的速度也"理所当然"

是恒定的，如果某个惯性系（比如地球）在宇宙空间中具有速度，那在这个惯性系中观测到的光速就"应该"发生改变。

这正是麦克斯韦在离世前提出的对以太的验证思路。然而，随着对麦克斯韦方程组的深入研究，人们发现在这个方程组内部，似乎藏着麦克斯韦本人都没有正视的内容。

在解读麦克斯韦方程组时，人们可以得出这样一个判断：

　　　　无论惯性系在空间中是静止还是具有怎样的速度，光速在任意惯性系中的速度恒定不变。

回到前文的例子，也就是说，如果水波的速度能快到与光波的速度相同，在岸上的人会观察到各方向水波的波速相同，而快艇里的人也会观察到各方向水波的波速相同。而且，他们都是正确的。

这一点非常违背直觉，但麦克斯韦方程组没有错误，从它诞生开始，就被认为是物理与数学结合的完美典范，在电磁学中它的正确性不容置疑。

这便是在莫雷实验后以太论面对的又一个难题。可以说，莫雷实验是从物理实验中发现了这个现象，而当人们对麦克斯韦方程组进行深入研究时，这个问题被人们用数学公式的方式再提了一次。

虽然基于以太论的量杆收缩假说还是可以解答这个问题，但更多的科学家开始意识到这样一件事：

　　既然无论观测者在宇宙中的速度如何，所观测到的光速或者电磁波的速度都恒定，所面临的光学现象与力学现象也都相同，那么，在研究电磁现象时我们就可以无视以太这个概念，以便大大简化思考与计算，也不会带来任何"副作用"。实际上，即使洛伦兹的量杆收缩假说是正确的，我们也根本无从测量地球在以太海中的移动速度，还是必须忽略以太的存在才能开始计算。

　　至此，以太变成一种可有可无的存在——人们只是在解释光的传播与力的远距离作用时才会用到这个词汇，它可以解释电磁场的物质性，这几乎是人们对以太这种无法观测的物质最后的需要。

　　但并不是只有以太这一种假设可以解释光的传播与力的远距离作用。相对于无法观测和证实的以太海，可以观测、操纵甚至准确计算的电场和磁场[①]无疑具有更大的真实性与存在感，正如爱因斯坦所言，对于物理学家来说，电磁场就如同我们坐着的椅子一样真实可靠。

　　光是电磁波。实验证明，变化的电场与磁场可以交替产生并向远方传递，所以光的传播也可以避开以太论。并且，"场"具有可操作也可测量的物理性质（比如我们可以计算电磁场的动量和动能），这可比无法观测的以太好用太多了。

---

① "场"这个概念是由自学成才的英国物理学家法拉第提出的，他是以太论的反对者，并不相信以太存在。

1905 年，爱因斯坦通过对光电效应的研究提出了"光量子"概念，光被视为一种具备波粒二象性的粒子。既然光兼有波动性与粒子性，那作为波动性介质的以太海也就不是那么重要了。

同年，爱因斯坦发表了《论动体的电动力学》。文中指出，我们不用再依赖以太海甚至绝对空间这样的绝对参照系，也应该抛弃绝对速度这样的观点，只要假定光速在任何惯性系内保持不变，同时假定在任何惯性系内的物理作用均相同，那我们就可以用一个全新的视角来认识一切。由此宣告了狭义相对论的诞生。

随后，爱因斯坦在此基础上对有史以来人们对时间和空间的认知进行了修改，建立了符合狭义相对论的四维时空体系[1]，狭义相对论体系也变得完整与极度自洽。而在被爱因斯坦重新定义的时间与空间中，更没有"以太"存在的必要了。

在广义相对论的几个关键预测被实验证实以后，相对论体系与四维时空结构击败了已经统治物理学几百年的牛顿经典体系与绝对时空观[2]，以太这个概念进一步被边缘化。从此，无论计算物理问题还是思考物理机制，人们都不再采用以太的思路。

尘埃落定后，很多研究者提到以太就会提起奥卡姆剃刀原理。这是一个极简主义的哲学观点，其核心表达是：如非必要，勿增实体。

---

[1] 认为时间与空间是一个整体，而相对速度可以影响对它的观测结果。

[2] 认为时间和空间是两个独立的概念，彼此之间没有联系，分别具有绝对性。

　　既然我们无法证明以太存在与否，而无论它是否存在也不影响我们的科学研究，毕竟我们已经有了"波粒二象性"，有了"场"这个概念，有了麦克斯韦方程组，更有了划时代的相对论可以使用，我们连真实可用的牛顿经典物理都撼动了，那又何必继续假设存在以太这种无法被证明的物质呢？

　　可以说，正是因为假设以太的存在，引起了经典物理学的萌发，而因为假设以太的不存在，让现代物理学得以兴旺发展。

　　于是，20世纪初，以太论不可避免地走入末路，不再有谁会提起，以至于一百多年后的现在，绝大多数人都不知道"以太"这个词语的具体含义，即使是物理学的研究者，大多数人只是知道以太已经被废弃，却不清楚它是因何而落幕。

　　然而，物理学研究是一个不断证实与证伪的过程。不像伽利略曾经用斜塔落体实验来驳斥亚里士多德的观点，以太的落幕并不是因为谁对它的证伪，只是由假设以太存在转变为假设以太不存在，由此也给后人留下一个悬念。

　　在麦克斯韦与洛伦兹的电磁理论中，以太的存在是必要、严谨且优美的。可以说，它符合人们的直观想象，也不与物理学中的任何现象冲突，只是因为它从未获得过实验证实（英年早逝的赫兹无法为自己发声），从而变成物理研究的冗余。

　　而爱因斯坦带来了另一条路，这是一条可以由实验直接验证的路，也是符合严谨的科学精神的路，所以人们放弃了以太。

　　以上这段已经尘封的历史，是20世纪前后物理史上绕不开的内容。

微观世界与量子力学

进入 20 世纪，物理学的发展来到一个新时代，即现代物理学（或近代物理学）时代。

以太论落幕、相对论与量子论的提出、对原子内部结构的深入研究……这些都是物理史上划时代的大事，而这些大事无不发生在 1900 年前后。

首先是世纪之交的三大发现：电子、X 射线和放射性现象，这三个发现终结了原子不可分[①]等传统观念，揭开了物理学革命的序幕。

其次是经典物理学的万里晴空出现了两朵乌云：莫雷实验的零结果与黑体辐射的"紫外灾难"。前者以爱因斯坦创立相对论并撼动了牛顿时代的经典物理体系为终结，后者则使普朗克、玻尔、海森堡、薛定谔等一批科学家创立了量子力学。

爱因斯坦的相对论打破了牛顿经典物理的统治地位（认为经典物理只是相对论物理在低速状态下的近似），也改变了人们对时间与空间的经验认知。而量子力学则从根本上颠覆了人类对物质本质及其相互作用的理解。

早在 16 世纪，人们就对光的性质感到疑惑，因为它有时会表现出粒子的性状，有时又会展现出波动的特征。光的波动说与粒子说之争是一个持续了几百年的争论，其拥护者各有胜

[①] 英国自然科学家，近代化学之父约翰·道尔顿在 1803 年提出原子模型，认为原子是微小的实心球体，不可再分，同种元素原子的各种性质和质量都相同。

负，但谁也无法彻底击败对方。直到爱因斯坦提出"波粒二象性"这个概念，也就是光子可以同时具有波动与粒子的双重属性（虽然在理解上反直觉，但在应用上成立），人们开始试着接受这个新的观点，并开始了与以往不同的尝试，那就是以实验结果为主导，修正我们对世界的认知。

到了1924年，德布罗意进一步拓宽了这一观念，提出物质波假说，认为一切粒子都具有波粒二象性的性质，不只是光子，电子也应当具有波动性。根据这个假说，电子也应当有干涉和衍射等波动现象，而这被后来的电子衍射试验所证实。

在宏观世界，波动就是波动，粒子就是粒子，这是两种不同的物理类型。但到了微观世界，人们发现不只是光子与电子，所有微观粒子都可以表现出奇特的波粒二象性，所以相关研究者认为，构成世界的底层物质具有波粒二象性的特征，也就是同时表现出粒子性与波动性，但在更大尺度的宏观世界中，我们只能观测到粒子性。

在宏观世界，我们可以确定一个宏观物体（哪怕再遥远的星球）具体的空间位置，也能确定它在任何时刻的速度，但在微观世界里，这种确定性不复存在。而在微观世界，随着粒子的能量降低，它的粒子性会变得越来越弱，波动性则越来越强，这也使得我们再也不能通过以往的方式获知粒子确定的信息。

举个例子。我们无法同时知道一个电子确切的空间位置及其动量，只能知道这个电子出现在不同空间位置的概率。我们甚至无法知道电子运动的细节，比如电子在空间中两个位置之间如何移动，是"移动"了过去还是"闪现"了过去。

因此，在量子力学中，我们无法再如宏观世界那样想象一个小球于空间中运动的清晰轨迹，而要把每一个微观粒子都想象为覆盖一定空间的概率云——它无法告知这个微观粒子的具体位置，但可以告诉我们关于这个粒子位置的全部可能性。

我们无法同时获知一个微观粒子的全部属性，这就是德国物理学家海森堡于 1927 年提出的不确定性原理的核心思想。

有一种解释认为，当我们对微观粒子进行测量时，至少需要通过一个光量子与目标粒子发生作用，才可能知道目标粒子的位置与动量等信息。但这个实验用的光量子会对目标粒子造成影响，观测行为会破坏被观测者的状态，以至于无法获悉这个粒子被观测以前的物理状态。

在此前提下，我们还是可以依照宏观世界的物理规则去想象这个微观粒子的位置，只是出于测量方法的现实问题，我们无法知道在测量发生以前这个微观粒子的物理状态——这还是一种决定论思维。如果这种观点成立，现实物理世界依然可以理解，只是无法如宏观世界那样对微观世界进行预测。

以上是爱因斯坦与海森堡看待微观世界的观点，还带有经典物理学的痕迹，除此之外还有许多种其他诠释，它们从数学逻辑上看同样合理，但却与普通人对世界的理解大相径庭。

比如说，有人认为在微观世界中物质的基础形态不再是粒子，而是波动。微观粒子对应的波动存在于空间中的某个范围，而外来影响会作用其上。比如，当有人对这个微观粒子的位置进行观测时，它的波动性会消失，而粒子性变显著，使人能观测到一个具体的粒子，因为它会随机出现在这个空间范围中的某一点上。正因为物质的本质具有波动性，粒子的位置会随机发生变化，粒子的状态只是其被观测时的表现，所以我们不能再用宏观世界的方式去定义粒子。为此，物理学家用一种名为"波函数"的概念来描述这个粒子或波动的物理量。

以上描述对应的物理细节与日常所知迥然相异，而在这种诠释中，观测行为会导致物质由波动态"塌缩"为具体的粒子态，这在物理学上叫"退相干"，是科幻作者非常喜欢的一类观点，他们甚至会猜测人的主观意愿是否会影响微观物质的实在性。

上述观点还算比较温和，认为外界观测只是影响了某个被观测的粒子，让这个粒子从无数种可能中选择了一种呈现方式。更极端的，还有人认为外界观测影响的是整个宇宙，每一次观测都会带来宇宙的无数种未来，然后我们的意识随机进入其中一种，大名鼎鼎的平行世界便是由这个理论而来。

微观世界到底是怎么回事，没人敢说自己都弄明白了。爱因斯坦表示，自己思考量子力学的时间百倍于广义相对论，但依然想不明白。研究原子弹的费曼干脆很确定地告诉大家：没有人懂量子力学。

所以，我们暂且不深究这个话题，只需要确认，虽然我们还不能很好地诠释微观世界的物理机制，但用量子力学的工具来描述微观物理的确是准确可用的。

虽然我们不能像在经典物理体系下那样明确计算一个粒子的位置，但可以计算它出现在某个位置的概率，只要知道它的动量、能量等物理量，就不影响对它的计算与应用。

一言以蔽之，对于现代物理学而言，量子力学是一个可用且准确的理论体系，只不过不同于牛顿时代的经典物理，微观世界的物理规律不容易被人理解，它背后存在着一些奇怪的随机性，而没人知道其背后的秘密。

在量子力学出现以前，这个世界由决定论主导。其代表人物法国的拉普拉斯曾假定，宇宙像时钟一样精准运行，如果一个智能生物能确定某一个时刻宇宙的完整信息（从最大天体到最轻原子的运动的现时状态），就能按照力学规律推算出整个宇宙过去及未来任何时刻的状态。但现在，至少在微观世界中，决定论似乎不再成立。

为什么会这样？如前文所说，有人认为是人的意识在主导，也有人认为世界的本质就是随机的；有人认为粒子是确定存在的，只不过它的位置是随机的，也有人认为压根就不存在粒子，真实存在的是波函数，只是它偶尔以粒子的方式出现……争论此起彼伏，甚至延续了一百多年也没有答案，不过现在执着于这个问题的人并不多，因为最终胜出的是实用主义，能用就好。

现在对量子力学的主流诠释是随机性，其代表人物有玻尔等，而爱因斯坦等人倡导的是决定论，也被称作隐变量解释，认为量子力学背后隐藏着一个尚未发现的理论，可以完整解释物理系统可观测的演化行为，而规避掉任何不确定性或随机性。但直到现在，量子力学背后的物理机制仍不明确。

如今，相对论与量子论已成为现代物理学的两大支柱。相对论研究的是速度、质量与时空的关系，而量子论研究的是微观粒子的运动规律。除却这两者以外，人们对粒子本身的结构也有了更深入的认知。

粒子的标准模型理论

原子曾被认为是不可分割的最小粒子，但当电子被发现以后，这种认知就归入了历史，研究原子结构甚至更微小粒子结构的粒子物理学登上历史舞台。

电子作为第一种基本粒子于 1897 年被汤姆生发现，质子于 1918 年被卢瑟福[①]发现，而中子也于 1932 年被发现。

质子与电子是非常稳定的粒子，而中子在当时被看作质子与电子的结合体。在这三种最重要的粒子被发现以后，有那么一瞬间，人类自以为弄清了粒子世界的一切秘密。

然而，在 1937 年对宇宙射线的研究中，人们发现了 μ 子，1947 年又发现 $\pi\pm$ 介子，1950 年发现 π_0 介子……20 世纪 50 年代以来，粒子加速器和各种粒子探测器有了长足发展，从而进入用加速器研究并大量发现新粒子的新时期。各种粒子的反粒子被证实，这些粒子大都寿命非常短暂，但拥有各自的物理状态。

二十世纪五六十年代，通过实验人们观测到 200 多种新粒子。人们需要找到办法为其归类，这些探索导致了夸克模型的提出。这个假设模型的实验基础来自高能电子对质子和中子的深度非弹性散射实验，实验显示，质子和中子内部存在坚硬的点状结构，它们被认为是比质子更微小的粒子存在的证据。

---

① 卢瑟福：英国物理学家，原子核物理学之父。他否认了汤姆生的原子核枣糕模型，提出行星模型，认为原子的大部分内部空间是空的，由电子按照一定轨道围绕着一个带正电荷的很小的原子核运转。

研究者命名这种坚硬的点状结构为夸克粒子，认为正是这样的基础粒子组成了更复杂的粒子比如质子，进而形成原子与整个物质世界。美中不足的是，人们无法在质子与中子外部单独地观测到夸克[①]，但这并不妨碍大家在夸克模型的思路下继续研究，最终形成对粒子结构的现代认知。

现代物理学的研究者将粒子的结构模型、波粒二象性扩展到物质之间的交互影响，再引入狭义相对论中的四维时空结构，就有了量子场论，再进一步考虑规范场等前沿理论后，则有了粒子的标准模型理论。

粒子的标准模型理论是一个雄心勃勃的架构，它试图连接相对论与量子力学，描述除引力以外的三种基本力[②]及组成所有物质的基本粒子，并试图通过被称为希格斯机制的方式使基本粒子获得质量。当然，它更希望成为可以解释宇宙内一切物理现象的终极答案。

必须承认，相对论、量子论是现代物理学的两个核心体系，在一些应用里它们是可以结合的，否则就不会出现量子场论甚至粒子的标准模型理论，但在另一些问题上两者存在难以弥合的分歧：

- 相对论属于决定论，而量子论信奉随机性；
- 相对论认为时空是连续而平滑的，但量子论下的时空是

---

① 人们猜测夸克无法单独存在，是出于一种叫做夸克禁闭的特性。
② 强作用力、弱作用力、电磁力和引力是公认的四种基本力，前三者都可以用标准模型加以描述。

不断起伏的；

- 它们都承认宇宙中有四种力，但相对论只能解释引力，而量子论只能解释引力以外的三种力。

所以有人说，相对论和量子论最多只能有一个是对的。既然它们在各自的领域都绝对正确，我们只能因地制宜各取所需，在不同的领域，采用不同的物理认知。

随着时间的推移，量子场论与粒子标准模型的出现曾试图将两者打通，通过对物质本质的研究找到突破口，找到物质与时空的关系、粒子与场的关系、微观粒子的底层构造，以及它们之间的交互规则。

可以说，20世纪初"电磁以太"落幕以后，这些便是理论物理学研究的核心。然而，研究人员在这三个方向各自遇到了难以解决的问题。

比如相对论在天文物理领域屡屡碰壁，为了维持理论的完整不得不提出暗能量和暗物质的猜测，但这两种物质从未被直接观测到；量子论中有令人费解的量子随机现象，对于世界的本质，并没有哪种诠释能让所有人接受；而标准模型更是一个发展中的理论集合，夸克毕竟只是一种推测出来的粒子，而理论预测有时会与实验结果不尽相同；更不用提相对论与量子论之间的分歧一直悬而未决……

相比研究人员遇到的实际问题，这方面的科普同样非常困难。相对于容易理解的牛顿时代经典物理学，以上这些研究远离生活，肉眼无法观测，对数学也要求颇高，不但支离破碎而且反直觉。

有人告诫霍金，（科普书）每多一个公式，就会吓跑一半读者，但如果是这个领域的数学公式，它应该会吓跑全部。

受困于以太的不可观测，在牛顿经典物理学基础上萌生出以相对论、量子论为主体的现代物理学。一个世纪以后，现代物理学虽然根深叶茂，但离能回答终极问题还有一段距离，而粒子的标准模型似乎是物理学中最接近真理的领域。

以上便是当下物理学的概况，后面的章节会涉及更多细节与延展。本书将引领大家触碰一些重要的物理概念，比如时空、粒子、引力，并试图从经典物理学与现代物理学两个角度，或者说从假设以太存在与假设以太不存在两个角度，对它们进行解释。本书不仅希望让读者了解这些有趣的内容，更希望能引起思考。

那些"终极"的物理问题，会有一个容易理解的答案吗？

也许，历史能给我们提供一些破局的思路。

第二章

速度如何影响时间?

我们的探求由相对论开始,更具体地说是狭义相对论。

前面提到,爱因斯坦的狭义相对论取代了牛顿经典物理学在物理世界的地位,并直接导致以太论的落幕。但其实被相对论影响的不只这些,还有人类对时空、光的认识,物理学的整个体系甚至研究方法。

绝对时空与相对时空

如果强行规定一个时间点,我们可以以 1900 年为分界,将物理学分为经典物理学与现代物理学(或近代物理学)。这两者具有时间上的先后与承接,但并不是单纯的继承与发扬的关系。

事实上,经典物理学与现代物理学可被视作两种不同的物理学研究体系,它们有着不同的基础假设、时空认知,甚至不同的思考方式,当然也有不同的潜在问题。

比如在上一章我们讨论过的以太,在经典物理学中以太可谓串起了光学、电磁学与力学,但在现代物理学中却变成了不必要的存在。而现在，我们来讨论时间。

经典物理学（牛顿物理）的核心部分是由牛顿完成的，与其对应的时空观是绝对时空观。在这种认知中，时间与空间被认为是两个完全独立的物理量。

经典物理学中的绝对时空观与我们日常生活中对时间与空间的先验认知基本相同。牛顿在《自然哲学的数学原理》中写道：

> 绝对空间，就其本性来说，与任何外在的情况无关，始终保持着相似和不变。绝对的纯粹的数学的时间，就其本身和本性来说，均匀地流逝而与任何外在情况无关。

牛顿的时空观是绝对的，这里的"绝对"可以这样理解：一方面，它指时间与空间两者相互独立；另一方面，它认为只要在这个宇宙范围内，对时间与空间的度量必定是一致的，这种度量不应当受到任何因素影响。

也就是说，无论一个物体在宇宙中处于怎样的位置，无论这个物体具有怎样的运动状态，它所感受到的时间和空间的运行规则不会发生变化。

虽然牛顿的经典物理学及其对应的绝对时空观可以解释很多物理现象，但因为前文提到过的莫雷实验，以及对麦克斯韦方程组的深入研究，19世纪末的物理研究者发现，以往被奉为万能的经典物理学遇到了难以解决的问题。

其实莫雷实验与对麦克斯韦方程组的深入研究都指向这样

一个结论,即在任何惯性系中,光速都会保持恒定。而这意味着,在电磁学的世界还有另一套物理规律,它与我们熟知的经典物理学不同。

基于此,爱因斯坦在 1905 年发表了《论动体的电动力学》,提出应该重新考虑时间与空间这两个概念:放弃绝对时空观,建立相对时空观,因为随着相对速度的改变,不同惯性系所在的时间与空间是不同的。

狭义相对论与相对时空观由此被提出,前者动摇了牛顿经典物理看似牢不可破的地位,后者的认知则与绝对时空观大相径庭。

到了 1907 年,爱因斯坦在大学数学老师闵可夫斯基的帮助下,提出了更完整的四维时空结构理论,相对时空观完全成型——空间与时间是一个整体,三维的空间与一维的时间,形成了四维的时空结构。

总的来说,二者区别如下:

• 绝对时空观认为时间与空间是分立的,而相对时空观认为它们是一个整体,且相互影响。
• 绝对时空观认为时间与空间是这个宇宙具有的属性,而相对时空观认为时空是任何物质各自具有的属性。

这样的描述较为抽象,让我们举一个更具体的例子。

如果一辆小汽车的速度是 24 米 / 秒,那它通过 24 米的距离需要多长时间？

这个问题很简单，答案是 1 秒。

但当这辆小汽车的速度变成接近光速的超高速时，比如我们让上面的数字提高一千万倍：

> 如果一辆小汽车的速度是 24 万公里 / 秒，那它通过 24 万公里的距离需要多长时间？

现在，小汽车的速度达到了光速的 80%，这个问题的答案还是 1 秒吗？

如果这个实验能够完成，其结果会是这样：

> 如果在小汽车内有一块钟表 A，表 A 显示的用时是 0.6 秒；如果小汽车外面的公路上有另一块钟表 B，表 B 显示的用时是 1 秒。

如果牛顿的绝对时空观正确，那无论这辆小汽车的速度如何，小汽车经历的时间流速不应改变。但在这个例子中，小汽车自身的速度影响了自身的时间，在小汽车内外对时间的计量不再相同。

这似乎说明，当小汽车外面的钟表经历了 1 秒钟时，小汽车里面的钟表只经历了 0.6 秒，时间似乎不再"绝对"，而空间也会发生类似的改变。

如果小汽车原本的长度是 10 米，因为小汽车的高速度，在公路上的观测者所观测到的小汽车长度只有 6 米，而小汽车内的观测者则测出小汽车的长度不变。

当然，我们没办法真的用一辆小汽车来完成这个实验，但上述情况的确有实验基础，因为我们可以设法把一个微小的粒子加速到接近光速，这也是高能粒子物理学的研究方式。

也就是说，相对时空观符合实验结果，而绝对时空观无法对此进行解释。不仅仅是通过实验，爱因斯坦也对如上实验结果给出了严谨简明的数学证明。至此，人们不得不重新认识时间与空间这两个物理量。

与以往的认知不同，时间与空间由此成为会因外界条件变化而变化的物理量。更准确的描述是：在狭义相对论中，速度会改变四维时空结构，与其对应的物理现象是相对论效应；而在广义相对论中，质量会改变四维时空结构，这可以很好地描述引力场。

在相对时空观的四维时空结构下，物体像是画在一张弹性薄膜上的画，如果这幅画所在的弹性薄膜被拉伸或压缩，人们对画面上物体的度量就会改变。也就是说，如果物体所在的四维时空结构因为某种原因发生改变，就会影响其内物体时间流逝的速度及其被测量到的长度。

按照狭义相对论，当我们观察身边的物体时，因为彼此之间相对静止或者相对速度很低，可以认为被观察的物体与我们自身的时间流逝速度相同，空间的尺度也相同。但当地面上的观测者观测这辆超高速的小汽车时，会看到小汽车对应的四维时空结构发生了形变，汽车上时间流逝的速度会因此降低，而汽车在空间上的长度也会因此缩短。

但对于汽车内的观测者来说，因其与小汽车相对静止，四维时空结构没有发生形变，所以不会发现任何异常。

由于观测者与被观测惯性系之间相对速度的改变，导致两者时间流逝速度与长度度量的改变，这就是相对论效应中的时间效应与长度效应。

这是确定存在的物理现象，也是爱因斯坦相对论体系中的相对时空观及其最主要的应用。

有人认为是速度增加导致了相对论中的各种效应。的确，速度增加会引发时间效应，但我们一定要注意"相对"与"观察"这两个词在相对论中的重要性：

> 无论在空间中发生真实运动的是地面还是汽车，两者对应的四维时空结构都恒定不变；但当处于这两种状态下的观测者彼此观察时，依照两者之间的相对速度，他们都会"观察"到对方所在的四维时空结构发生形变，致使对其时间与长度的"度量"发生改变。随着相对速度的增加，观测者会"观察"到对方的时空形变不断加大。

只不过，相对论效应中的时间效应与空间效应在相对速度很大的情况下才更明显，比如光速的三分之一。而在电磁现象以外的物理世界中，这几乎是无法达到的速度。

如果相对于光的速度很小，时间与空间的变化就可以忽略不计，我们仍然可以使用牛顿经典物理加以计算。比如美国宇航局发射火星探测器时，只采用牛顿的经典物理进行计算，与用相对论进行计算相比，登陆误差只有 1 秒钟。相对论的计算结果的确更为准确，但在低速环境下经典物理仍然是可用的，这也是为什么现代物理学称牛顿经典物理为低速物理的原因。

同样，在低速环境下，与经典物理学同源的绝对时空观也是准确可用的。只不过我们需要认识到，以往绝对时空观中对于时间的认知的确是不完备的，我们需要重新认识时间。

狭义相对论的"效应"

物理学是一门实验科学，但我们没法直接针对空间或时间设计实验再分别观察。毕竟，时间到底存不存在，它是一种真实存在的物质，还是存在于人们心中的认知，对此的争论甚至带有哲学意味。而物理研究者只能通过对可观测物体进行时间上的计量与长度上的度量，试图发现关于时空的真相。对于两种时空观的取舍也是如此。

在之前关于高速小汽车的实验里，汽车内外钟表的计量发生了变化，因此，狭义相对论的观点认为，这证明汽车的高速导致其时间流速减慢，这就是狭义相对论中的时间效应。

狭义相对论中有三种效应，分别对应物体的时间、长度和质量。也就是说，如果一个物体在运动，则相对于它静止时：

1. 它时间流逝的速度会变慢。也就是时间效应或者钟慢效应或者时间膨胀。

2. 在速度的方向上，它的长度会缩减。也就是长度效应或者尺缩效应。

3. 它的质量会因为速度增加而增加。也就是质量效应。

如前所述，这些相对论效应只有在很高的速度条件下才会被观测到，比如用粒子加速器对高能粒子进行研究时，就必须考虑这些因素。当然，还有一个众所周知的极端假设：如果一个物体的速度无限接近于光速，我们会看到这个物体的时间流逝接近于静止。

那么，我们能否根据这类实验得出结论——相对时空观是绝对正确的？时间与空间关联，而时间的流逝速度会随着相对速度发生改变？

其实还不能，因为这种猜测并不能得到严格的自证，而且也存在其他可能性。

在前面的例子中，汽车内钟表 A 的计时的确慢于汽车外钟表 B 的计时，但我们无法确认变慢的是流过钟表 A 的时间，还是钟表 A 对时间的计量。毕竟，我们看不到时间，只能看到表盘上的刻度，我们也无法说明时间维度是真实存在的物理量，还是仅存于人们观念中的物理量，以及"时间流过物体"究竟是怎样一个物理过程。空间维度也是如此。我们无法判断到底是汽车所处的空间收缩了，还是构成汽车的粒子群体发生了收缩，但空间没有发生改变。

到现在为止，我们只能确认，狭义相对论的三个效应是确实存在的。如果汽车的速度真能达到 24 万公里每秒，那汽车内钟表显示的计时一定会变慢，外界观察到的汽车长度一定会缩短。如果能测量小汽车内物体质量的话，也会发现其质量增加了。

恒定的光速

了解相对论效应之后，我们再来看看光速。这个话题涉及经典物理学与现代物理学在物理认知上的差异。

如今人们已经可以对光速进行精确测量，光的速度被确认是 30 万公里 / 秒（299792458m/s），在物理学中对应的符号是 c。

如第一章所说，在经典物理学的假设中，以太这种神秘物质充满宇宙的一切空间，由以太构成的以太海则是光波传递的介质。根据波动理论，波动的速度由其介质的物理性质与密度决定，而以太论的支持者想象以太海的密度是均匀的，所以光相对于空间的速度是一个恒常量。

在这种认知下，以太的存在很容易解释光为什么具有波动性、为什么能穿过空间，以及为什么光速恒定。遗憾在于，并没有实验能对以太的存在做出证实或证伪，这些只能是存在于理论上的假说。

而在现代物理学体系中，以太是一个冗余的概念，各种超距作用的实现依靠的是弥漫在空间中的场。爱因斯坦认为，光的波动是光子这种粒子所具有的内蕴属性，而光波是电磁波，变化的电场与磁场交替产生，由此得以穿过空间。电磁波的速度是恒定的 c，这与实验及麦克斯韦方程组的计算结果一致。但是，到底是怎样的机制使光或者电磁波在时空中以恒速 c 运动？现代物理学并不能对其做出解释，只是将它作为光子或电磁波这种物质内蕴的特征。

不过，在现代物理学的研究思路中，这并不是一个大问题，因为它符合各种实验结果以及麦克斯韦的电磁理论，而现代物理学是由各种实验事实所支撑的。考虑到无论惯性系在空间中的速度如何，在惯性系内测定的光速永远恒定为 c，因此，现代物理学将"光速恒定"视为一个公理或者基本原理，也就是狭义相对论中"光速不变原理"这个基本假设。

一般而言，物理学研究要求理论、实验、数据这三者皆完备，而在光速恒定这个问题上，经典物理学可以用以太解释光的传播与速度，但无法通过实验验证以太的存在；现代物理学可以描述光移动时电磁场的变化，也有实验支持，但它无法解释相关物理机制，也无法解释为什么光速恒定。

所以，严格说来，这两个体系都做不到绝对完备，但我们总归能确认：

> 无论依据哪个体系，光在空间中的速度都被认为恒定为 c。

这便足以让我们展开接下来的论述。

第一个光子钟实验

在前文的例子里,我们已经知道速度会影响汽车内钟表的计时,但无法确认到底是汽车所在的时间维度发生改变,使得时间的流逝变慢了,还是高速度下的钟表出现了计量或显示上的问题。我们有办法弄清其中的秘密吗?接下来让我们一探究竟。

前面提到,相对论、量子力学以及粒子的标准模型,这些虽然是现代物理学的核心与前沿领域,但它们的一些内容依然存在冲突,甚至随着研究深度与角度的变化,对同一个物理现象会做出不同的假设,也会出现不同的认知,但并没有哪种诠释能被所有人接受,毕竟,物理学是一门还在发展中的科学。

为了更清楚地讨论问题,并且避免不同观点与概念之间互相干扰,我们需要设置一个相对单纯的理论环境。所以,接下来让我们一起穿越,回到一个相对论和量子论还没有被提出的时间点,比如 1900 年,这也是人类对微观粒子的认识还很模糊的时代。

现在,在 1900 年牛津大学的实验室里,让我们围坐在一起,讨论几个当时还不那么受重视的问题。

第一个问题:

速度会对时间造成影响吗?

很显然,既然我们想研究速度对时间的影响,那就无法离开对时间的计量。这时，有人设计了一种特殊的钟表以便开展相关实验。

这个特殊的钟表是一台光子钟，一种极度简化的光学计时设备，如下图所示。

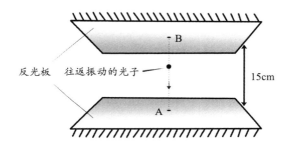

图 2-1 静态的光子钟模型

这台光子钟的主体由上下两个反光板与一个运动的光子组成。两个反光板彼此平行，间距是 15cm。运动的光子在两个反光板之间的垂直方向上做折返运动，每次会撞击到上下反光板相同的位置 B 和 A。光子钟的内部为真空，所以，在这个光子钟内，光子以光速 c 在两个反光板之间的空间内移动，我们采用 30 万公里／秒这个简化的数值以便于计算。

除此之外，还需要一个专门的计数器，用来记录光子在 AB 两点之间振动的次数。光子从下反光板的 A 点出发，到达对面反光板的 B 点，再反射回 A 点，这便是光子钟内光子的一次振动，每当光子到达 A 点，让计数器加 1。这个光子会在光子钟内持续振动，所以计数器的数字也会持续增长。

我们可以很容易地计算出，在 1 秒内，光子会做 300000000/

（0.15×2）=10 亿次周期振动。

也就是说，如果计数器可以精准地记录光子在 AB 两点之间振动的次数，那么，每当计数器的记录增加了 10 亿，就可以认为时间经过了 1 秒钟。

这台光子钟被安置在地面上。接下来，我们将另一台构造完全相同的光子钟放置在一个速度非常快的亚光速飞船中，然后让飞船启动，以一个极高的速度飞离地球，并且要让飞船飞行的速度方向垂直于光子钟内 AB 这条线。然后，我们根据这两台光子钟的计时，对比地球上和飞船上时间的差异。

假设留在原地的我们能够时刻了解这艘亚光速飞船上的一切，也就是地球上的观察者可以用某种速度无穷大的方式即时观测飞船上的一切，而不是只能依靠速度上限为 c 的光或者无线电来进行信息传达，那么，如果我们对飞船上的这个光子钟进行即时观察，会发现什么？

当然，我们还要假设地球在宇宙空间中是绝对静止的状态，而亚光速飞船里的光子钟和其内光子的运动轨迹则如下图所示。

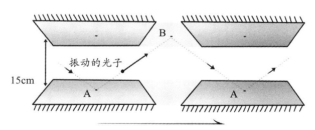

飞船在空间中快速移动
光子钟的 A 点与 B 点也在空间中快速移动

图 2-2　运动的光子钟模型

　　首先我们要知道，在封闭且匀速运动的飞船里，宇航员没有办法凭空判断飞船的运动状态，更无法确认自己在空间中的速度，就像当我们坐火车时会认为自身是静止的，而窗外的世界在倒退。

　　凭自身感觉与对外观察，飞船上的宇航员会认定自身处于静止状态而地球在高速飞离。即使当宇航员启动飞船上的光子钟，也只会发现光子钟内的光子仍然照常循环往复，从 A 到 B，再从 B 到 A，计数器加 1。而光子钟内光子的运动方向也还是永远垂直于反光板，如同它还在地面上时，像这样原地振动：↑↓↑↓↑↓。

　　而留在地球上的我们在观察飞船上的这个光子钟时，会发现，飞船在空间中的位置一直在改变，因此光子钟的位置、光子钟上下反光板上的 A 点与 B 点在空间中的位置也随之改变。光子钟内的振荡光子，其路径虽然是从下反光板的 A 点到上反光板的 B 点再回到 A 点，可随着飞船的前进，随着 A 点和 B 点在空间中实际位置的不断改变，这个光子在空间中的移动轨迹成了一条斜线或者往复的折线，也就是：↗↘↗↘↗↘，而不再与反光板垂直。

　　但无论光子的振动方向如何，作为静止在地球上的观测者，我们可以确认在任意时刻，光子在空间中移动的速度恒定为 c。

　　依据飞船速度的方向与光子在空间中移动的真实方向，我们可以把这个光子的速度分割成垂直和水平的两个矢量速度，让光子的一个矢量方向与飞船的速度方向相同（那么这个矢量

速度必然等于飞船的飞行速度），而另一个矢量方向则与反光板
垂直。

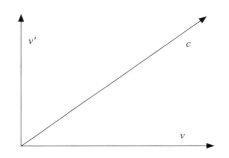

图 2-3　运动时光子钟内光子速度的矢量分解图

光子在空间中移动的速度恒定为 c，如果飞船向右的移动
速度是 v，则光子在相应方向上的矢量速度也会是 v，而垂直于
反光板运动的矢量速度必定是 $v' = \sqrt{(c^2 - v^2)}$。

让我们简化一下，把上面的速度换成便于口算的数字，让
$v=0.8c$，很容易算出，这个光子在垂直方向上的移动速度为
$v'=0.6c$。

如果我们去观察那台地面上的对比光子钟，因为地球在宇
宙中是绝对静止的状态，所以其内部光子在两个反光板之间垂
直方向上的相对速度仍然是光速。

由此可以认为：

　　　　如果地球在宇宙空间中绝对静止，作为在地球上的观
　　测者，我们会发现在高速移动的飞船上，光子钟内的光子
　　在两块反光板之间振动的相对速度变慢了。

当然，使用上面的数字只是为了方便口算，我们也可以掏出笔和纸，使用相应的公式来计算，这些都不难。

虽然现在我们还无法确定时间到底是一种物质还是一种观念，而时间变慢到底是时间流逝速度变慢还是对时间的记录变慢，但有一个基础公式肯定是正确的，甚至可以说，这是人类对时间这个概念做出的一种基本设定，即：

$$时间 = 距离 / 速度$$

如果光子在光子钟内垂直运动的速度变慢，一次振动需要的时间就会增加。因此，留在地面上的光子钟，也就是被视为静止的光子钟，当其内的光子振动一个周期时，飞船上光子钟内的光子只能振动 0.6 个周期；当地面上光子钟内的光子振动了 10 亿次时，飞船上光子钟内的光子只振动了 6 亿次。这是因为当这艘亚光速飞船的速度是 0.8c 时，光子在两个反光板之间的相对速度降低了。

按上文所说，如果光子钟内光子振动 10 亿次的时间被观测者计为 1 秒钟，那么当地球上的光子钟显示出 1 秒时，飞船上光子钟显示的时间是 0.6 秒。当飞船上光子钟内的光子也振动了 10 亿次并显示 1 秒时，地球上的光子钟显示的是 5/3 秒（1.6667 秒）。

因此，如果把飞船上的这个光子钟当作飞船上计时工具的话，留在地球上的观测者会发现飞船上光子钟的计量变慢了。而且飞船的速度与光子钟的计量相关，飞船的速度越快，飞船上光子钟的计量就越慢。如果飞船相对于地球静止，那飞船上的光子钟与地球上的会保持同步。

如果只考虑这个光子钟，我们可以看到，飞船的速度直接影响了飞船上光子钟对时间的计量，甚至不需要假设时间维度的存在，我们可以认为这说明：

> 飞船的速度影响的不是时间流逝的速度，而只是对时间的计量。

以上解释并没有涉及现代物理学的内容，它应用的时空规则更接近牛顿的表达。它认为时间只是一种计量，不过随着惯性系速度的增加，它对时间的"计时"会减少，但并不需要想象时间与空间会像物质那样发生变化，而光速恒定为 c 可以被以太观念所解释——这是生活在 1900 年的人在经典物理学体系下，在对绝对时空观做出一定修正后可以得出的结论。

但是，如果真有这样一艘高速飞船，变慢的显然不仅只有这个光子钟的计量，飞船上也不应当只有光子钟这一种计时工具，飞船上的一切都应当会变慢，无论是飞船上观测者的感知，还是飞船上携带的其他类型的计时器，还是飞船上其他一切行为，都应该变慢同样的比率。

显然，在经典物理学的思想下，虽然我们可以解释为什么这个光子钟的计时会变慢，却无法解释为什么飞船上的一切都会变慢同样的比率，为什么飞船上宇航员的感知也会变慢，为什么其他的计时工具也会变慢。

但在对这类现象进行解释时，相对论却可以做到举重若轻。

按照爱因斯坦对时空的认知，整个飞船处在一个统一的四维时空结构内。对于地球上的观测者来说，飞船的速度导致飞船所在惯性系的四维时空结构发生了形变，其中时间维度的膨胀引发了时间效应，所以在地球上的观测者看来，飞船整个惯性系内的时间流逝速度都变慢了。也就是说：

> 变慢的并不是对时间的计量，而是时间本身，也即时间流逝的速度发生了改变。

在第一个光子钟实验里，我们可以得出一个明确的结论，即对于地球上的观测者来说，以 0.8 倍光速运动着的光子钟，其上显示的数字是静止光子钟显示数字的 3/5。

如果只考虑这个光子钟，有两种观点能对这个实验进行解释与计算。这两个观点分别是：

经典物理学的观点 A：

> 速度会影响对时间的计量，时间维度并不是一个真实的物理量。

现代物理学的观点 B：

> 相对速度会影响对时空结构的观测，时间维度会发生

膨胀，与时空结构对应的惯性系内，时间流逝的速度会因此变慢。

观点 A 可以很好地解释为什么速度会影响光子钟的计时，它可以非常详尽地描述每个细节，但无法解释为什么光子钟外的其他计时器也会变慢。

观点 B 可以很好地解释为什么飞船上的一切都变慢了，但还是无法证明时空结构或者时间维度到底是真实存在的物质，还是仅存在于人们观念中的认知，更无法解释相对速度是通过怎样的物理机制影响时空结构内的具体物质的。

很显然，现代物理学中的相对论体系配合相对时空观，可以解释的疑点更多，也更好应用与计算，而且，牛顿的经典时空观认为时间是绝对的，这一点显然存在问题。所以，如果必须在两种思路下二选一，我们一定会选择后者，只不过之前提到过，这并不是一个非常完备的解释。

毕竟，在这个实验中，光子钟的时间的确变慢了，但是，这是时间流过物体的速度变慢了？还是时间这种物质的维度膨胀了？还是对时间的记录变少了？抑或是光子钟内光子的运动周期变长了？

各种可能性仍然存在。在我们找到一个足够完备的解释之前，一切可能性都不应当轻易舍弃。探究刚刚开始，且让我们继续，并在这个实验的基础上，进行下一个更进一步的思想实验。

第二个光子钟实验

这是一个很关键的思想实验。

第二个光子钟实验是对第一个光子钟实验的调整，在这一次实验中，我们会为光子钟增添一个运动状态。

现在，这个光子钟不再是原地静止，而是在从 B 到 A 的方向上，具有一个 v'' 的运动速度，假设 v'' 的速度很低，比如，$v''=10$ 米 / 秒。

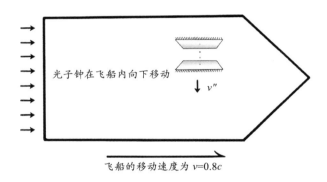

光子钟在飞船内向下移动

$\downarrow v''$

飞船的移动速度为 $v=0.8c$

图 2-4 在飞船内垂直运动的光子钟

那么，如果飞船上的光子钟与地面上的光子钟一样，也获得了一个由 B 向 A 以 10 米 / 秒移动的运动状态，而飞船还是以 $v=0.8c$ 的高速沿着 AB 的垂直方向被发射，这时，留在地球上的观测者继续观测飞船中的光子钟，是否会发现这个光子钟由 B 向 A 的速度 v'' 发生了改变？

只熟悉牛顿力学的读者也许会说，v'' 的速度和飞船的发射方向不同，两者相互垂直，所以，应该没什么影响吧？

但对狭义相对论有了解的读者会注意到速度对时空结构的影响:当宇宙飞船的速度非常快时,由于飞船所对应的四维时空结构发生了变化,时间维度膨胀,导致整个飞船的时间流逝速度都会变慢。

如果飞船的速度是 $0.8c$,用相对论中的对应公式可算出,飞船所在时间的膨胀系数是 5/3,飞船这个惯性系的时间流逝速度是地球的 0.6 倍。所以当地球上的钟表计时 1 秒,飞船上的钟表会显示只经过了 0.6 秒。既然飞船上只经过 0.6 秒,飞船上的光子钟向下移动的距离自然是 10 米 / 秒 × 0.6 秒 =6 米。

既然与地球上的 1 秒对应的是飞船上的 0.6 秒,且这段时间里飞船上的光子钟在垂直方向上移动的距离是 6 米,那么,对于地球上的观测者来说,飞船上的光子钟在地球的 1 秒内移动了 6 米,因此 v'' 的速度就不再是 10 米 / 秒,变成了 6 米 / 秒。

不过,对于飞船上的观测者来说,他们认为这个光子钟向下的速度还是 10 米 / 秒,因为当飞船上的钟表计时 1 秒时,飞船上的光子钟在相应方向上的位移的确是 10 米。

如果能通过实验来验证,我们会发现 6 米 / 秒的结果必然是正确的,但为什么这个运动速度降低了呢?

相对论认为这是时间维度的作用,但老问题又来了:

• 时间维度是真实的物理量吗?
• 时间维度是通过怎样的物理机制与相对速度相关联?

可以说，如果只是为了应用，相对论体系是一个非常成熟的体系，也是一个在理论上非常自洽的体系，它做出的一切计算都与实验结果完全吻合，这一百年来科学的进步无不验证了它在应用上的正确性。

但是我们也要看到，相对论体系的确存在不完备的地方。这不在普通大众是否难于接受相应的时空解释，而是研究人员能否弄清这些物理作用产生的机制，甚至过程中的每一个细节。比如：

- 为什么在任何惯性系内光速都会恒定？
- 速度、时空、物质，这三者之间是如何发生物理作用的？

两种观点

在这一章，我们介绍了相对论效应中的时间效应，也就是速度会让时间的流逝速度减慢。除了介绍这个物理现象，我们更试图去找寻时间效应背后的物理机制。

通过两个光子钟实验，我们可以列出两个不同的观点对此予以解释：观点 A 来自经典物理学，更接近牛顿对时间和空间的认知，但需要做出一定的修正，时间的测量值会因为速度而发生改变，当然还需要利用以太观念来解释光为什么能在空间中保持速度恒定；观点 B 来自现代物理学，对应的理论是爱因斯坦的相对论和相对时空观。

对于第一个光子钟实验，我们可以应用两种不同的观点进行解释。

- 在修正的绝对时空观下，可以认为光子钟计时变慢的本质，是光子钟在计量上的变慢。这是由光子钟自身的运动导致其内光子在垂直方向上的相对运动速度降低引起的，这是一个机理明确的物理过程，是经典物理学的思路。
- 也可以在相对时空观中引入变化的时间维度，认为飞船的高速度使得飞船所处的四维时空结构发生变化，时间维度发生了膨胀，导致时间流逝的速度变慢，这是相对论的思路。

但在第二个光子钟实验中，我们似乎只能应用观点 B。只有爱因斯坦博士的相对论才能对这个结果进行解释，而牛顿的经典物理体系对其根本无从下手。

在这类与时间流速相关的问题上，现有的牛顿经典物理体系的确无法给出解释，这也是相对论体系能取代经典物理体系的一个主要原因。

其实，哪怕是在第一个光子钟实验中，如果我们研究的对象不是这个极简光子钟而是一块机械表，哪怕我们被明确告知这块机械表显示的时间同样会因为飞船的速度而变慢，我们依然没办法用牛顿的经典物理和绝对时空观对其做出解释。

然而，即便胜出，如前所述，相对论与相对时空观也不是一个绝对完备的理论。

所以，真的没办法对时间效应做出既合理又合用的完备解释吗？

请注意，这里有一个细节。

如果仅仅是对第一个光子钟实验做出解释，经典物理学的观点其实相对完美也容易理解。我们只需像前人那样做出一个假设——假设以太存在，就可以从物理机制上解释为什么光在空间中的速度恒定，然后便可以说明为什么飞船的速度必然会影响光子钟的计量。

那么，我们有没有办法扩展这个认知，找到一个可以在绝对时空观中完美解释第二个光子钟实验甚至时间效应的机制？以及这个机制是否也能对相对论中的光速不变原理进行支持，从原理上解释为什么在任何惯性系内光速都是恒定的？

在 1900 年牛津大学的实验室中，第一阶段的讨论告一段落。速度的确会影响时间，以往的绝对时空观的确存在问题，但我们实在搞不清楚到底是时间的"流速"被改变，还是时间的"计量"被改变。

简单的休息后，接下来进入对第二个问题的讨论。

有人注意到，在第二个光子钟实验里，因为飞船的高速度，光子钟向下移动的速度减慢了，这也意味着组成光子钟的所有微小粒子向下移动的速度都减慢了。

所以，我们是不是能把关注点从无法把握的时间或者空间上移开，转移到具体的粒子上？

我们的第二个问题跟粒子的结构有关：

> 粒子要具备怎样的结构，才会发生第二个光子钟实验中的现象？

穿越回去的我们要注意，在 1900 年，对微观粒子的研究工作刚刚开始，人们刚刚知道原子中存在带负电的电子，这让我们在讨论这一问题时，需要回避现代物理学中的一些细节知识，尤其是量子论与现代粒子物理学中的特有认识。如果读者您熟悉这些相关内容，也请将它们暂时遗忘，就当进入了一个架空的宇宙。

让我们跟随会议进程，参与讨论，看看怎样的粒子结构才能满足我们的要求。

第三章
质子的结构：关于粒子

物理学研究主要有两种思路：一种是先建立理论，再去解释与预测现象；另一种是先做实验，再根据实验结果来寻找解释。相应地，它们分别被称为理论物理与实验物理，在物理学研究中，这两者缺一不可。

在经典物理学的年代，由于实验手段乏善可陈，自然是以理论物理为主导，以实验物理做支撑，典型的理论物理学家包括牛顿、麦克斯韦、普朗克，甚至爱因斯坦，而实验物理学家则以研究电磁现象的法拉第和赫兹等为代表。

到了现代物理学阶段，尤其是在研究微观物理时，人们突然发现宏观物理中的经验不再适用，由此，实验物理开始占据主导地位。这也使得我们对微观世界的认识更多来源于具体且明确的实验，理论有时候只是对现象后知后觉的解释。量子论如此，粒子物理也是如此，许多实验的结果非常明确，但理论上的解释还需要一点点地摸索。

在上一章的最后，我们得到一个新的任务：思考粒子应该具有怎样的物质结构，才能在修正的绝对时空观中实现时间效应。这其实是理论物理的研究思路。在这个工作开始之前，我们先来了解一下，现代物理学中与粒子结构相关的研究工作已经有了哪些收获。

粒子的夸克模型

出于对物质本质的探究，粒子物理的相关内容一直是现代物理学研究的热点。在进入正题之前，先梳理一下历史上人们对物质粒子认知的演变。

最原始的粒子学说是由古希腊学者留基伯和德谟克利特等人提出的，也被称为朴素原子论。

他们认为万物可分，大石头可以分成小石头，小石头可以分成沙粒，沙粒能分成更小的粉尘，他们猜测这样持续不断地分割下去，总会得到一种不可再分的微粒，物质便是由许多这样微小的、不可分割的单个颗粒组成。

这种不可再分的颗粒被称为"原子"。不同物质对应着不同的原子，万物的多样性是由于构成物质的原子不同、所处状况不同及原子之间结构不同造成的。当然，这个观点本质上只是一种哲学猜测，与现代科学的研究方法无关。

后来，牛顿从力学的角度发展了这种说法，也被称为牛顿微粒说。牛顿认为，物质是由一些很小的微粒组成，这些微粒通过某种力量彼此吸引：当粒子直接接触时，这种力特别强；当粒子间的距离较小时，这种力可以使粒子彼此产生化学反应；当粒子间的距离较大时，这种力则失去作用。在牛顿眼里，万物都是由粒子组成，光也是粒子。

到了 1803 年，英国化学家、物理学家道尔顿创立了原子论。1811 年，意大利科学家阿伏伽德罗在原子论中引入"分子"的概念，形成了我们所熟知的原子分子学说。至此，人类终于知道物质由分子组成，分子由原子组成。不过在当时，人们认为原子是不可分割的最小微粒，同种元素的原子性质和质量都相同。

这种认知持续了近一百年，直到 19 世纪末的最后几年相继发现了电子、X 射线和放射性现象，使人们意识到原子仍然可分。随之又发现了带负电的电子，继而在带正电的原子核中发现了质子。

电子与质子可以说是最重要的两种微观粒子。一方面，任何原子中都包含这两种粒子，它们可被视作所有物质的基础；另一方面，它们刚好与正负电荷相对应，尤为特殊的是，这也是两种非常稳定的粒子[1]。

20 世纪初，人们认为微观粒子只有这几种：分子、原子、质子、中子、电子、光子，再加上那时还没有被验证的中微子[2]，宇宙中的全部物质都是由这些微观粒子组成。

但从 1937 年开始，科学家在宇宙射线中又发现了一些新粒子。之后，粒子对撞机诞生，几百种新粒子借由这种仪器被发现。它们有一个共同点，就是寿命都很短暂，比如 K 介子的

---

[1] 一些标准模型的扩展理论预言质子也会衰变，但这从未被观测到。

[2] 中微子质量小，不带电，速度为光速（或接近光速），因难以测量所以一些性质仍不明确。

寿命只有一亿分之一秒左右[①]。除此之外，这些粒子的质量及其在衰变时的反应各不相同。

通过爱因斯坦的质能方程，人们意识到质量与能量两者是等价的，而为数众多的新粒子展示了这样一种可能性——我们也许能够借此一窥能量与质量之间的秘密，并触摸到物质的本质。

然而，这些新粒子的种类实在太多了，比元素周期表中的化学元素还要多，很多人不禁感慨，为什么粒子物理学的研究者竟然需要记忆比植物学家还要多的内容。这促使科学家积极寻找方法为它们归类，这个方向的研究催生出夸克假说和粒子的标准模型理论，也就是现在最前沿的粒子理论体系。

人们已经知道，分子可分为原子，原子可分为原子核与电子，原子核可分为质子与中子。而在标准模型的设想里，质子与中子由一种叫做"夸克"的更小微粒组成。也就是说，质子和中子不再是构成物质的最基本粒子，而是由更小的夸克所组成的复合粒子。

夸克被认为是不可再分的粒子，这类不可再拆分的粒子在标准模型理论中被称为基本粒子，这样的基本粒子一共有 62 种，其中有我们熟悉的电子、光子和夸克，也有一般人不太熟悉的 W&Z 玻色子和希格斯粒子等，而一切其他粒子都可以被描述为这 62 种基本粒子组成的复合粒子。比如质子和中子就被

---

① 我们可用中子与 K 介子对比：中子可以衰变为质子和电子，在原子核外的中子也不稳定，但一般认为它的寿命有 15 分钟。

认为是由三个夸克粒子所组成的复合粒子。

标准模型是一个理论集，它涵盖许多重要内容，不只涉及粒子的最终构成，更关心粒子之间如何发生交互，以及粒子与场的关系、能量如何形成质量等。当然，它还延续了相对论与量子力学的思路，这些都是物理世界中的本质性问题。

这些内容与大众相去甚远，且数学在其中发挥了巨大作用。如前所述，这个领域的一些认知还没有彻底理清，并且违背直觉，所以对普通读者谈不上友好。

细节略去不提，我们只需要注意：

1. 标准模型仍然是一个发展中的模型，也是一个仍在接受推敲、检验的模型。

2. 标准模型理论建立在一些假设的基础上。其中一个核心假设就是"夸克模型"假设。这是现代物理学中对粒子认知的最前沿理论，而这个假设也正是将质子、中子等粒子继续拆分的理论基础。

夸克模型是基于 1967 年的电子—质子非弹性散射实验而提出的。在这个实验中，科学家给电子施加了非常高的能量，使电子可以深入质子内部，然后去跟踪、统计电子的落点，借此判断质子内部的结构。

研究发现，大部分电子的前进方向并没有受到影响，这也意味着质子并不是一个实心的球体，它的内部仍然存在空间。可是，有些电子反射的方向非常特殊甚至被反射回来，这说明电子在质子内部遇到的不是"软"的质子靶，而是和电子类似的点状"硬"核。

由此，科学家得出结论：既然质子内部大部分是空的，其中还有"硬"核，所以质子不应被认为是基本粒子，而应该是由这种"硬"核粒子所形成的复合粒子。又经过一段时间的研究，人们将这种"硬"核粒子命名为夸克，认为夸克才是更基础的粒子，而质子是三个夸克的结合。

类似还有更早的原子对 α 粒子散射的系列实验，这一系列实验使人们认识到原子核仍然可分，并导致质子在随后被发现。这两个实验非常相似，所以当人们发现质子内部还存在"硬"核以后，一直试图将夸克从质子中轰击出来，然而，从来没有人在实验中看到单独的夸克粒子。于是，人们只好提出一种"补丁"理论——夸克禁闭，认为无论采用什么办法，都不能使夸克离开其他的夸克，成为可以被实验观测到的自由夸克。

夸克禁闭虽然理论自洽，但这也使我们无法真正确定夸克是否存在，其中留有遗憾，也埋下了隐患，但不管怎样，夸克模型在解释许多粒子问题时都是有效的。如今，质子由三个夸克粒子组成这种认知已经被学界普遍接受。

标准模型通过对包括各类夸克在内的 62 种基本粒子的界定，对几百种新粒子（都是由不同的基本粒子组合而成）加以分类。只不过同样的，当人们对此进行研究时，也从来没人能通过实验直接验证夸克的存在，所有相关论断都是基于间接的证明或者理论上的判断。

不过，夸克模型很好用，正是在它的帮助下，标准模型终结了几百种粒子无法分类的混乱状态，而且在这个理论指导下，几种预言的新粒子被相继发现。由此，夸克模型与建立在其上的标准模型成为描述微观粒子相关内容的最权威理论。

其实，标准模型不只解决了粒子的分类问题，更致力于发现粒子与粒子之间是如何发生作用的。标准模型理论的提出，也带来了对"场"的重新思考。

人们发现粒子具有波粒二象性，也发现了不确定性原理，这就意味着粒子的空间位置是不可确定的概率云。粒子的位置是一个空间范围，场同样如此，这提示研究者将粒子与场关联起来看待，这是量子力学的内容；如果再将相对论的四维时空结构融进来，则是量子场论。

既然一定空间内场的动量与能量能被计算出来，那么对于经典场论而言，粒子与场都可以被同一套方法所研究。而在量子场论中，除了引力场，其他三种基本力场都可以被量子化，实现场作用的虚粒子在场的空间范围内不断生灭，所以，场可以被视为粒子的集合体。

这种思维引发了对粒子性质的讨论。比如，电子的周围有电场，那电场是不是可以被认为是属于电子本身的一部分？电子有自己的四维时空结构，那粒子对应的时空场该怎么理解？电子有能量、质量、电荷，这些属性是电子的内蕴属性么？也就是说，包括场在内的许多特性难道都是粒子的内蕴属性？

然而，标准模型理论却有不同的诠释：粒子不再是物质的本质，而是"万物皆场"，所有实体粒子只是其对应场的不同激发态，甚至质量也只是场作用下的表象。

需要注意的是，标准模型仍不是一套万能理论，除了无法解释引力以及夸克不可单独观测以外，它的预测有时也会失灵。比如中微子最初被认为没有质量，后来实验证实，中微子的质量虽然几乎为零但毕竟不是零，这促使标准模型理论不断自我迭代。

另一方面，虽然标准模型试图打通相对论与量子论，却无法弥合两者在一些基础认知上的差异。而且，标准模型的研究工作无法离开粒子加速器和大量的实验与统计（这是旷日持久的艰苦工作），也依赖实验物理（当然，还有数学）的持续进步。

可以说，标准理论模型的主体虽已确立，但它的前提假设是否成立，其细节又将经历怎样的修正，这仍然是相关研究者今后的工作重点。

粒子—光子模型？

以夸克模型为前提假设的标准模型理论，是现代物理学的重要组成部分。它有实验支持，有相对完整的理论，也有成功的预测案例，而且可以很好地与相对论和量子论融合。

然而，与粒子结构相关的理论猜想并不只有这一个。比如有名的弦论等，但它们一般只有数学上的模型却缺乏实验上的证据。

而有实验支撑且足够自洽的其他理论还是存在的，比如

"粒子—光子模型"，它同样可以描述粒子的内部结构，并进行更大的扩展。它甚至有望帮助我们更好地认识相对论与量子力学中的基础细节，将两者补全并打通。之前我们曾说过，虽然现代物理学与经典物理学在时间顺序上前后承接，但它们的研究方法不尽相同，这两者依赖的前提假设也不尽相同。

粒子—光子模型可以看作经典物理学思想的延伸与继承。它的时空认知更贴近牛顿的经典时空观，但同样可以解释已知的几乎所有物理现象，无论是与相对论相关的，还是与量子物理相关的，或者粒子物理中的各种现象。

但请读者注意，粒子—光子模型并不是学术界公认的观点，只是一个在本书中第一次提出的假设模型。

现在让我们回到前文中的第二个光子钟实验。

在这个实验中，当飞船的速度增加到 $0.8c$ 时，光子钟向下的移动速度会由 10m/s 降低到 6m/s，这说明组成光子钟的每一个粒子向下的移动速度都由 10m/s 降低到 6m/s。

相对论认为，是四维时空结构的变化造成了这一现象，因为时间维度膨胀导致时间变慢。如果的确存在可变的时间维度，那这种解释与实验观察相符，但现在我们要尝试另一种思路，那就是：

> 如果不存在可变的时间维度，粒子应该有怎样的内部结构才能导致"时间变慢"？才能让其纵向移动的速度随着水平速度的增加而降低？

光子钟是一个简单的结构，它由两部分组成，一个是其内振动的光子，另一个是反射光子的反光板。如果忽略反光板的材质与质量，只保留其在空间中的位置信息与反射光子的功能，我们可以认为这个简单结构描述的是：一个被束缚在特定空间范围内的振动光子。

粒子—光子模型认为，每一个有质量的基础粒子都如上述光子钟一样，由可以反射光子的粒子外壳与在其内折返的光子两部分组成，粒子外壳内的空间是光子的活动范围，而粒子所携带的能量便是其内光子的能量。

粒子—光子模型有两个典型形态，其中之一是粒子—内部光子振动模型，意即粒子内的光子在粒子内部往复振动，就如同前文实验中的光子钟，这也是便于说明与计算的最简形态。

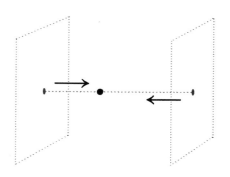

光子在粒子外壳的内部以光速往复振动，
但粒子的总体位置不会发生改变

图 3-1 用振动的光子模拟静态粒子

上图所示是一个在空间中静止的粒子，而粒子中的光子正在水平方向上往复振动。

先这样想象：当光子与粒子外壳发生撞击时，光子被反射，而粒子外壳的空间位置也会被光子改变，产生一小段位移。当被反射的光子反向撞击到粒子外壳时，也会产生一段相反的位移，两个方向的位移相互抵消。随着粒子内部光子与粒子外壳不断发生作用，粒子内的光子不断折返，粒子外壳的空间位置也会随之发生不间断的摆动。

在这样的模型中，我们仍然可以如宏观世界物体那样想象一个粒子的细节结构与动态：如果粒子外壳左右摆动的距离相同，那么虽然粒子内光子会持续振动，但粒子整体的空间位置不变，粒子处于静止态。

当没有外来因素影响时，除了静止态，典型惯性系的另一种状态是匀速运动态。在粒子—内部光子振动模型下，匀速运动可以理解为：往复振动的光子使粒子外壳在空间中左右摆动的距离不同，比如假设向左移动 m，向右移动 n，那么粒子内光子每一个回合的振动都会使这个粒子的位置发生 $m-n$ 的改变。虽然从微观上看这个粒子是在左右摆动，但当我们从宏观上观察这个粒子时，会认为这个粒子以恒定的速度在做匀速运动。

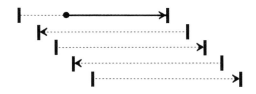

光子在粒子的框架内振动，每一回合的
振动都会使粒子的位置发生一点点改变。

图 3-2　用光子的振动模拟匀速运动的粒子

也就是说：

> 粒子的空间位置，也就是其内振动光子的空间范围；而粒子在空间中移动的速度，是其内光子在多次振动后得到的叠加速度。

如果构成光子钟的每一个基础粒子真的具有这样的微观结构，那即使我们不采用四维时空结构的假设，也可以完备地解释前文中的第二个光子钟实验，甚至可以解释狭义相对论时间效应底层的物理机制。

现在，让我们暂时把构成光子钟的所有微观粒子都想象成粒子—内部光子振动模型表述的结构。

"时间膨胀"的物理解释

回到第二个光子钟实验。为什么当飞船水平方向的速度达到 $0.8c$ 时，光子钟在与飞船垂直方向上的速度会降低到原来的 60%？

我们可以这样解释：

依据粒子—内部光子振动模型，粒子空间移动的本质，是其内光子在持续振动时的累积位移。但应用这个模型解释此类现象仍需要以太假说，因为根据以太假说，光波的本质是以太海的波动，所以其在空间中的速度恒定为 c。

在这个实验中，对于地球上的光子钟来说，构成光子钟的每一个粒子在水平方向上的速度均为零，在垂直方向上具有 10m/s 的速度。我们可以暂且想象粒子内的光子正在垂直方向上往复振动，每个周期的振动都会使粒子向下移动一点，而这 10m/s 的速度是其持续振动的累积，这个过程中，光子在垂直方向上的速度是 c。

然而，当飞船中的光子钟具有 $0.8c$ 的水平速度时，所有构成光子钟的粒子在水平方向上的速度也达到了 $0.8c$，粒子内光子在水平方向上的速度分量必然也是 $0.8c$。而根据以太假说，粒子内光子在空间中的移动速度恒定为 c，因此，在垂直方向上，粒子内光子的速度分量必定是 $0.6c$。

既然粒子的速度是其内光子持续振动带来的累计位移速度，当粒子内光子在垂直方向上的振动速度由 c 降低到 $0.6c$ 时，这个粒子垂直方向的振动速度也会随之降低到原来的 60%。

如果每个构成光子钟的粒子在其垂直方向上的振动速度都会降低，这个光子钟整体向下的移动速度，同样会降低。也所以，当飞船的速度达到 $0.8c$ 时，光子钟向下的速度也由 10m/s 变成了 6m/s。

以上描述的便是如何应用粒子—内部光子振动模型来解释第二个光子钟实验中的现象。而在这样的假设下，相对论效应中的时间效应背后的机制也变得显而易见。

电磁学的相关理论认为，粒子与粒子是通过速度同样

恒定为 c 的电磁波相互联系的[①]，仍然可以等同于光子钟模型。基于类似的计算，当飞船的速度很快时，飞船中一切电磁作用的效率都会降低。甚至不只是电磁力，无论强作用力、弱作用力还是引力，只要这些力学作用在空间中传递的速度同样恒定为 c，那么随着飞船速度的提升，飞船上的一切力学效果都会降低，一切位移的效率都会降低，故而一切运动的速度都会随之减慢，一切计时工具都会变慢，如同"时间"变慢了一样。

相对论与相对时空观认为，飞船速度的提升会导致其时间维度变化，进而影响其中的一切物质，使飞船的时间流逝速度变慢。这是时间效应的本质。

而在引入粒子——内部光子振动模型后，我们就可以放下时间维度甚至四维时空这类认知，如果粒子真的由以光速运行的光子构成，那飞船的速度必然会导致一切物质在其他方向上的运动速度降低，一切计时工具的测量都会变慢，这是粒子结构带来的必然结果。

甚至我们会发现，随着飞船的速度继续提升，粒子内光子在速度方向以外的速度分量会越来越低。当飞船的速度无限接近光速时，由光子构成的粒子也就无法再向其他方向做出任何移动，但这不是"时间静止"，更不会出现速度超光速以后回溯时光的可能性，粒子的速度不可能超过其内光子的速度。

---

① 当然，在标准模型中电磁作用的实现是基于速度恒定为 c 的虚光子。

速度的确会影响时间，在相对论中，这被归因为时间与空间，时间被看作一种重要且神秘的物理量，它与物质相关联，否则无法解释时间效应。但它们到底是如何联系的？没有人能回答这个问题。而在粒子—内部光子振动模型中，这个现象被归因为粒子自身的结构，不再把时间假设为一种物质，而只是一种记录，速度增加与时间流逝速度减慢的关系是非常清晰的。

可以说，在对于时间效应的解释上，除了以太的存在仍然无法得到实验验证外，粒子—内部光子振动模型这个假设的模型近乎一个完备的解释。

当然，本书还需要对粒子是由光子构成这件事做出详尽的论述（这也是违背常识的），比如是怎样的机制限定了光子的空间位置？为什么没有质量的光子会形成有质量的粒子？这个模型是否有实验证明？质子的深度散射实验中的硬核粒子又该怎样解释？

"长度效应"的背后

在狭义相对论中，长度效应与时间效应可谓并列的两种物理现象。在相对时空观中，时间与空间同时会受到相对速度的影响。

具体地说，当一个物体的运动速度很快时，其所在的空间维度会在它速度的方向上发生收缩。所以，当我们对这个物体进行长度上的测量时，由于发生了空间维度上的收缩，我们测量到的长度比其静止时要短。

在相对时空观下，这个解释与实验结果吻合，而经典物理学与修正后的绝对时空观同样能对此加以解释。

这个解释也就是我们曾提到过的"量杆收缩"假说。洛伦兹曾经证明，如果宏观物体是由带电荷的粒子由电磁力结合在一起，那么这个物体的空间形态会受到其速度的影响——物体的运动速度越快，它在空间中的长度会缩短。而现在我们已经知道，物体的确是由带电荷的微小粒子构成。

如果读者有兴趣动手计算，可以将前面光子钟实验中的光子钟横放，原本光子钟内光子的振动方向与飞船速度方向垂直，现在我们把它改为与飞船速度方向平行，经过简单的计算就会发现，运动中的光子钟在空间中的长度的确会缩短。

如果粒子的结构、由粒子与粒子形成的电磁结构都可以等效于这样的光子钟，那粒子、光子钟、飞船在速度方向上的长度都会随着速度增加而缩短。也所以，如果粒子—内部光子振动模型真实，那长度效应的本质不应理解为速度与空间维度的作用，而要视为只是电磁结构在运动时的必然变化。

如果可以用上述方式对时间效应与长度效应做出解释，同样很容易发现：

> 无论惯性系相对空间具有怎样的运动速度，惯性系中的观测者根据其在惯性系内收集到的物理数据对光速进行测算时，都只能得到光速恒定为 c 这个结论[①]。

---

① 需要补充一点，我们没有办法进行单程光测速，只能通过对光线往返的总用时来计算双程光的光速。

至此，相对论的前提条件光速不变原理就不再是一个只能由实验证实的前提假设，而变成一种可以由以太假说与粒子—内部光子振动模型所支撑，可从理论上推导出的物理结论，而粒子的内部结构才是前因。

让我们回到 1900 年牛津大学的图书馆，所有人正在围绕第二个问题进行思考：

> 粒子应该有怎样的结构，才会发生第二个光子钟实验中的现象？

可以想象，一旦有人能根据光子钟模型提出粒子—内部光子振动模型这个粒子的假设模型，他们就可能解答出这个难题。而且，这个解释并没有脱离当时人们所熟悉的牛顿物理和以太假说，只不过需要对牛顿定义的时间概念进行认知上的更新。如果有人这样做了，历史就可能出现这样的转变：

> 人们发现粒子—内部光子振动模型可以很好地解释莫雷实验的结果，以及在麦克斯韦方程组中发现的问题。
>
> 在这个粒子结构模型的帮助下，人们甚至可以明确速度的确会对时间与长度的测量带来影响，进而从物理机制上对时间效应与长度效应的物理本质做出描述。
>
> 同时，人们也将知道，无论惯性系的速度如何，在惯性系内部的观测者如果对光速进行测量，得到的测量结果

必然恒定。

而在明确时间并不真正与物质对应以后，爱因斯坦的狭义相对论和相对时间观或许就不会被提出，或者仅仅以哲学观点的身份被提出。当然，牛顿的绝对时空观会得到修正。

也因此，赫兹会以"第一个检测出以太海波动的人"的身份载入史册，而不仅仅是作为电磁波验证者被历史铭刻。

继而整个物理学界会想方设法对粒子—内部光子振动模型的真实性做出证明，并继续寻找以太的其他物理特性。

当然，历史不能修改，我们也无法真的穿越回 1900 年，而在 1900 年的任何人也都无从对这个想象出来的粒子模型进行实验上的证明，哪怕这个粒子模型的假说可以帮助人们发现并解释时间效应与长度效应。

因为站在 1900 年的时点上，物理学还要经过 110 年的发展才能看到粒子—光子模型被证明的契机。

这个契机便是质子，这是一种在 1918 年才被发现的粒子，而对它进行足够精确的测量还要更久的时间。

质子—内部光子环形转动模型？

按照以往的观点，只有相对论才能解释相对论效应，相对时空观由此确立。但我们可以看到，如果粒子真的是由振动光子形成的动态结构，那我们同样可以很好地解释相对论效应。

无论粒子内的光子是以怎样的方向运动，无论其与粒子在空间中的速度方向成怎样的角度，只要粒子可被看作由光子的周期性运动所形成的结构，那这个粒子在速度发生改变后就会出现时间效应与长度效应，这是很好验证的。

问题的核心便是：构成一切物质的基础粒子，真的是由光子形成的动态结构吗？

这个认知与夸克模型背道而驰，但事实上，相比夸克模型，粒子—光子模型有更坚实的实验数据作支撑，只不过相关证据出现的时间并不长。

2010 年，有物理学家在测量中发现质子的半径比以往的测量值要小 4%，从那以后，许多团队开始致力于质子半径的研究。现在，关于质子的半径和质量，我们得到的最新测量结果为：

质子的质量：$1.6726217 \times 10^{-27}$ 千克

质子的半径：0.84087×10^{-15} 米

基于这两个关键数据，我们得以获得质子结构的信息，而粒子—光子模型与这两个数据完美契合。

这里的计算简单直接，非常重要，所以我把计算过程列出如下。

第一步：根据质子的质量，计算质子的静能量，依据的是

质能公式 $E=mc^2$。

质子的质量为 $1.6726217 \times 10^{-27}$ 千克，对应的静能量为 $1.5032774 \times 10^{-10}$ 焦。

第二步：根据质子的静能量，计算对应光子的频率与波长，依据的是能量公式 $E=h\upsilon$。

如果有一个光子携带的能量也是 $1.5032774 \times 10^{-10}$ 焦，可以计算出这个光子的频率是 2.2687315×10^{23} 赫兹。

考虑光速 c，可以得出这个光子的波长是 1.32141×10^{-15} 米。

第三步：假设质子是一个球形粒子，根据质子半径，计算质子的周长。

质子的半径为 0.84087×10^{-15} 米，所以周长是 $5.2831738 \times 10^{-15}$ 米。

第四步：将第二步与第三步得出的数据对比。

$$5.2831738 \times 10^{-15}/1.32141 \times 10^{-15}=3.998 \approx 4$$

比照这两个数字可以看到，质子的周长是这个光子波长的

3.998 倍。

我们知道，光子的能量与其波长成反比，因此，如果把这个光子中的能量均匀地拆分成四份，每一个光子的能量为质子静能量 $1.5032774 \times 10^{-10}$ 焦的四分之一，那这四个小光子的波长与质子的周长近乎完全相同。至于数值上的微小差异，可以视作来自试验采集数据时不可避免的误差。

据此我们可以认为：

如果质子的球体外壳具有反射光子的物理特性，而四个能量如上的光子在质子内部以切线角度撞击质子的球体外壳并被不断反射，那每一个光子都可以看成一个首尾衔接的光子环，而质子也可以看成由这样四个光子环嵌套而成的光子结构。

我们可以看到，无论质量（能量）还是空间尺度，这四个光子环组成的结构与质子这种粒子可以说完全相同。

由此我们获得了粒子—光子模型的两种结构：

1. 粒子—内部光子振动模型。和光子钟类似，其中的光子垂直撞击粒子的球壳，光子以直线往复振动。

2. 质子—内部光子环形转动模型。其中的光子以切线角度撞击粒子的球壳，光子沿着质子球壳移动形成光子环。

在粒子—光子模型中，这两种结构是最基础的粒子形态，都可以用来解释第二个光子钟实验或时间效应，在后文中我们会看到，它们分别对应了两种最基础的粒子：电子和质子。

现在，通过对质子数据的分析，我们可以看到粒子—光子模型并不是一个无中生有的模型，它有扎实的实验测量基础。只不过，我们还没能解释是怎样的机制使粒子内的光子被不断反射。其实无论电子还是质子都会携带一个单位的电荷，在后文中我们会看到，正是这一份电荷起到了反射光子的作用，它也是粒子得以稳定的基础条件。

更多粒子结构上的细节稍后再聊。现在，我们要通过对质子这种粒子的理解，简单比对一下夸克模型与粒子—光子模型。

夸克模型认为质子是由三个夸克粒子形成的复合粒子，而质子—内部光子环形转动模型认为质子是由四个环形转动的光子嵌套而成，自然也就不存在夸克粒子。

夸克模型的支持实验是电子—质子深度散射实验，因为有电子在质子内部被反射，因而猜测存在一种硬核粒子，而质子—内部光子环形转动模型的支持实验是对质子半径和质量的精细测量。

夸克模型认为在电子—质子深度散射实验中，使电子被反射的"硬"核是一种单独的粒子，而质子—内部光子环行转动模型认为，是质子内部四个光子环影响下的质子电荷造成了这种现象（见后文）。在现代物理学中，的确存在大量符合夸克模型以及标准模型理论中粒子分类方式的短寿命粒子，但粒子—光子模型同样可以将其分类并予以解释。

最重要的是，在对质子半径与质量的解释上，粒子—光子模型优势巨大，而夸克模型在解释这两者时是无能为力的。此外，当面对以往说不清楚的时间与空间时，粒子—光子模型可以非常好地与狭义相对论现象结合，将宏观物理世界与相对论的高速物理世界关联在一起，相互解释。比如，它可以解释为什么速度会影响时间的计量、减慢物体的运动，也能解释为什么相对论认为在任何惯性系下光速恒定。由此，我们不需要再去面对相对论中难以理解的四维时空结构，而只需要将其作为一个方便计算的数学认知模型。

前面说到，粒子—光子模型是在绝对时空观的基础上孕育而生，且继承了 16~19 世纪人们公认的以太假说。需要注意的是，原本的绝对时空观并非完美。牛顿认为宇宙中的时间会按照同样的速度流逝，与物体所在位置与运动状态无关。但现在看来，这个观点存在局限性，应该随着时代认知的改变而更迭。

可如果粒子真的是由运动的光子组成，如果空间中真的存在以太海，如果光子在以太海中传递的速度恒定，那么如前文中的光子钟模型，物体在空间中的运动速度必然会影响光子在粒子内往复振动的相对速度，进而影响光子在粒子内运动的周期、粒子在其他空间方向上移动的速度，甚至粒子与粒子之间相互影响的效率。

也就是说，虽然我们不用把时间如相对时空观那样看作一种真实存在的物质，但随着物体运动速度的改变，这个物体所记录的时间流逝速度的确会发生变化，它在空间中的运动速度也会如此，就好像真的有时间被减慢了一样。

如果粒子—光子模型及其基石以太假说都是真实存在的物理事实，那我们就找到了时间效应背后的物理本质，长度效应也是如此。由此，时间维度甚至四维时空结构不再是物理层面上真实存在的概念，而是一种对时间与空间进行认知的思维角度，而对时空的认知才是相对时空观的本质。

在物理学界早就有这样一种说法，认为相对论更应该被归入哲学范畴，因为相对论是我们构建物理理论时必须遵循的思考原则，而量子力学才是一种实用的物理理论。

这是一个有历史来由的观点。我们知道爱因斯坦并不是因为相对论而获得诺贝尔奖，有人说很大原因是当时法国著名哲学家伯格森旗帜鲜明地表达了反对意见：

> 相对论属于认识论，而不是物理理论，它是一种对时间与空间的认识方法，而怎么认识时间与空间是哲学界一直在讨论的热点问题。

回到本章的主题。的确，就现在物理学界的共识而言，夸克模型是一个历史悠久的猜想，是现在粒子标准模型的基础，也是被大家所熟知的。但经过简单的说明与计算，我们已经发现粒子—光子模型同样具有可信的实验基础。

其实更重要的是，粒子—光子模型可以与很多重要的物理现象相结合，它的一些直接拓展，甚至比粒子标准模型中的一些核心研究走得更远，且这些内容都可以通过实验进行证明，普罗大众也很容易理解。

　　有一件事我们非常好奇：如果时光真的倒流，让我们得以把粒子—光子模型与夸克模型各自的相关材料，全带回 1900 年牛津大学的与会者面前，那个时代的物理学家会做出怎样的选择？

　　有理由相信，经过质子半径与质量验证的粒子—光子模型，很可能会将已经谢幕百年的以太假说再一次带回世人面前。

　　而粒子标准模型下的夸克模型与以太假说下的粒子—光子模型，谁会走向下一个时代？

第四章

物质的本质

让我们暂时从粒子结构细节的疑问中脱离，转而探求下一个问题，是什么构成了粒子？正如有这样一个疑问永远横亘在所有求知者心头：

物质的本质是什么？

物质的认知史

2500 年以前，古希腊的留基伯和德谟克利特认为世界万物可分，直到分割出最微小的不可分割也不生不灭的最基础粒子。物质被看作许多离散组件的组合，这个概念的提出可以说是物理学诞生的标志。

然而在当年，朴素原子论只是一个不流行的小众学说。原子毕竟不可见，那时有另一种更直观、容易理解的学说。

古希腊第一位哲人泰勒斯认为，水才是构成宇宙的原质，因为它可以变成坚硬的固体，也可以成为看不见摸不着的气体，水的变化横跨了固液气三态，更是生命不可或缺的，所以水应该是万物的基础。

后来，人们在水元素的基础上添加了空气、土、火三种元素，形成了四元素说。

四元素说的主要支持者是希腊三贤，也就是鼎鼎大名的苏格拉底、柏拉图和亚里士多德。本书开篇我们提到，亚里士多德认为地面上的一切都是由这四种元素组成，而天空中的一切应该对应着一种更纯净的元素——以太。

土、气、水、火这四大元素可以观测，容易理解，也可以在不同状态下转化，这远比德谟克利特观点中不可见也不可变的原子让人信服，何况四元素说还获得了数学上的支持。

得益于几何科学的发展，古希腊人不但知道三角形是最稳定的平面结构，还知道一共有 5 种正多面体。正多面体同样具有诸如基础、稳定和不可分割的哲学含义。因此，他们将这五种正多面体与构成万物的元素相匹配：火元素是正四面体，气元素是正八面体，水元素是正二十面体，土元素是立方体，最后剩下由正五边形组成的十二面体，刚好对应了组成天上物质的以太。

这也是中世纪时炼金术的指导理论，不过在炼金术中人们用灵魂替换掉以太。直到现在，这个体系仍然是西方神秘学的核心。

在这个时期，大家所争论的"物质"都是人类可感受且可知可见的，也就是对应着"原子"的实体物质，除此以外就只有不可知不可见的以太。如前文所述，在 19 世纪末，光、电磁与力都可以被"电磁以太"解释，光是以太海的波动，电磁场是以太海的运动，所以，在历史上有那么一小段时间，人类认为"原子"与以太是构成宇宙全部物质的基础。

在现代物理学中，场，尤其是电磁场与引力场，取代了以太的位置，人们用场来解释超距作用的力。无论在经典场论还是在量子场论中，具有物理性质的场都可以被当作物质看待[①]。

与此同时，在广义相对论中时空也是一种场。由于相对论的相对时空观把物质与四维时空关联在一起，所以在一些物理思想中，时间与空间也具备了物质的特性。

除此之外，光既可以看作电磁波，也是最基础的能量子，还可以看作能与四维时空结构发生作用的一种特殊存在。因此，无论在相对论中还是量子力学里，光都是最重要的一种物质。

综上，在现代物理学体系下，我们可以试着按这样的思路对物质进行分类：粒子、光波、场。

当然，这种分类方法偏向于经典物理学的思维，但当量子力学开始引领科学家对物质的认知以后，这三者的区别开始变得模糊。

首先是粒子具有波粒二象性。虽然粒子与波到底是什么关系仍然值得商榷，但波动性与粒子性之间的隔阂确实被波粒二象性这个理念打通了。

微观粒子被认为同时具备粒子性与波动性，但我们很难说清楚这两者中谁才是本质。海森堡和薛定谔同为量子力学的奠

---

① 还有不可被视为物质的温度场、速度场、势场等。

基人，就连他们两人对此都各执一词：

- 海森堡认为粒子是真实存在的，不过我们无法对其做出精确测量，因为测量时的行为会对粒子的物理量造成影响，所以我们只能得到粒子的相关概率。
- 薛定谔则认为波动才是物质的本来面目，但当测量行为发生时，物质会从波动的形态塌缩成粒子的形态。

这是一场旷日持久的论战，从量子力学创立到现在仍未结束。有一张很有名的照片，爱因斯坦、普朗克、洛伦兹、玻尔、海森堡、狄拉克、泡利、德布罗意、居里夫人等同框，几乎囊括了当时最著名的理论物理学家。这张照片拍摄于 1927 年第五次索尔维会议的闲暇，在这次会议上他们为量子力学的本质吵得不可开交。

图 4-1　1927 年第五次索尔维会议上的学界大咖

其次，场与粒子的关系也是模糊的。有人把场看作基础粒子自带的一种属性，也有人把场当成虚空中粒子的集合体，可谓众说纷纭，但在量子力学的应用中，粒子与场可以视为等效。

理论仍在缓慢更迭，不过一般而言，既然物理学最前沿的理论被称为粒子的标准模型，大部分人还是认为，跟光波、场比起来，粒子才是这三者的主体。

对于波、粒子、场来说，虽然现代物理学现有的研究还不能明确它们之间的关系，但在务实的量子力学研究者看来，与其在这类问题上争论不休，不如想办法把它们对应的物理量计算出来，再用数学计算来表达物理反应。

借助数学公式，在等号左侧输入原始的物理量，再从右侧输出最终数据化的物理结果，同样是理解微观世界运作规律的有效方式。因此，在现阶段物理学的研究中，比起弄清楚物质的本质，更重要且更易操作的是如何获取物质的各种物理量（如动量、角动量、质量、动能等），以便计算。

除此之外，这里还有一个不是物质但胜似物质的重要概念——能量。

能量看起来很像一种物质，因为它既不会凭空产生，也不会凭空消失，它的数量是守恒的；能量可以在物体之间传递，也可以在形式上改变，它的表现是多变的。可以说，万事万物，光波、粒子、场都必然携带能量。无论物质之间发生了哪种物理作用，其中必然包括能量的转移。

甚至我们可以这样认为：所有物质都蕴含能量，而蕴含能量的都是物质，因此，物质与能量是可以对应的。

需要注意的是，很多时候能量被指代为物质本身，可能量并不是物质，但可以看作与物质对应的一个数值。按现代物理学的观点，能量是物质在四维空间上的一个度量值，是一个间接观测到或计算出的物理量，是一个抽象的物理概念。

分歧能否统一？

如果仅仅用作物理学的基础研究，我们可以将物质分为粒子、光波、场这三类，以便想象与理解。从物理学启蒙以来，人类就是这样认识物质的。

但是自从微观世界的大门以量子力学的方式向我们打开以后，这种分类便有些鸡肋，就如同现在早已没人再去争论光子的波粒二象性中到底是波为主还是粒为主，因为这依然是宏观上看待物质的角度，而在微观世界中，人们需要不同的认知。

在有些人的观念中，"物质的本质是什么"业已成为一个哲学问题，而"物质有哪些可测量的属性"才是一个物理问题。"物质为什么有动量"是一个好问题，而怎样获取粒子的动量及其相关计算，则是更实际更有用的问题。

看起来，现代物理学研究者规避了一些与"本质"有关的问题，但这的确是无奈之举。人们一直在努力认识我们所在的世界，但当研究对象从看得到也看得懂的宏观世界转到肉眼不可见的微观世界时，以往的认知受到了巨大冲击。

在微观世界中，量子力学虽然难以理解但精准可用，虽然它诞生至今已经有一百多年，历史上有太多理论都试图诠释量子力学的底层机制，但并没有哪种诠释能够完美到被所有人接受。

既然如此，那又何必非要追问光波、粒子、场三者哪一个才是本质？能研究，能准确计算就可以了。

当然，我们都知道量子论的长处并不在于诠释物质底层的机制，但粒子—光子模型却刚好相反。

毕竟对于质子来说，质子的四光子环模型与质子质量和半径的测量结果，其吻合度很高。而且，这个模型对相对论效应和光速不变原理的解释近乎完美。唯一需要做的，是大胆假设已经归入历史尘埃的以太这种物质真实存在，进而对以太概念进行再一次的更迭，并进行实验验证。上一次的更迭是由麦克斯韦做出的。

让我们切回一个重要的时间点，还是 1900 年，这时麦克斯韦的"电磁以太"还没有落幕。

荷兰的那位老先生洛伦兹，现在人们称呼他为第一代理论物理学家的领袖，认为他填补了经典电磁场理论与相对论之间的鸿沟，是经典物理和现代物理间一位承上启下式的科学巨擘。前面我们还介绍了他另外的身份，既是以太论的坚定支持者、"量杆收缩"假说的提出者，也是绝对时空观的支持者。可以说，洛伦兹是 19 世纪末 20 世纪初以太论最后的旗手。

他的以太观来自麦克斯韦提出的"电磁以太"。洛伦兹与麦克斯韦认为空间中充满"电磁以太"，电磁运动的本质是"电磁以太"在空间中的位移。

换句话说，洛伦兹认为，电磁场只是以太海的某种状态，就像海浪之于大海，风暴之于大气，以太才是一切没有实物的场现象背后的物质，场是依存于以太才得以存在的现象。

自从以太概念被提出后，人们一直猜测这种物质应当有怎样的物理特性，又能怎样与其他物质发生反应。如按笔者的思路划分，这类猜测在历史上曾更迭了四代：

- 2500 年前，亚里士多德认为以太组成天空，这是第一代对以太的理解。
- 500 年前，笛卡尔认为以太传递力的作用，并裹挟着太阳系的行星旋转，这是第二代。
- 稍后一点，惠更斯认为以太是光传递的介质，这是第三代"光以太"。
- 150 年前，麦克斯韦提出"电磁以太"，这是对以太的第四代认知，它可以解释一切电磁现象。

洛伦兹是麦克斯韦观点的继承人，现代物理界存留的对以太的认知基本都来源于洛伦兹，他认为：

以太没有质量，绝对静止，不与任何物质反应，仅仅是电磁运动的荷载物。

而在粒子—光子模型被提出以后，如果它成立的话，我们可以看到洛伦兹的这个认识犯了一个巨大的错误。

按经典物理学的思路，以太虽然不可观测，但人们通过对光波的观测，间接验证了其存在的可能性。在这种假设下，充斥了以太的空间我们或可称之为以太海，以太海是光波传递的介质，所以光波可以被视为以太海的波动。

依照这种假设，以太海中的以太是物质，而光波不是，它只是以太这种物质所形成的动态结构。就像水波是水分子这种物质形成的动态结构一样，光波的物质基础同样是以太。

根据粒子—光子模型，既然粒子是运动的光子形成的动态结构，那么粒子可以进一步理解为是以太这种物质所构成的更复杂一些的动态结构。也就是说，粒子的物质基础同样是以太。

其实，在经典物理学中，以太海在历史上本来就被用于解释各种超距作用，对应着现代物理学中的场。

有趣的猜想

顺着这样的思路，或可得出这一猜测：

无论光波、粒子还是以太海，都只是三种不同的"以太结构"。最底部的物质只有一种，那就是以太。更确切地说，我们生活的空间被充斥以太的以太海所填满，由以太构成的光子与粒子则沉浮其中。

洛伦兹曾认为：

> 以太不与任何物质反应，所以我们观测不到以太参与
> 的物理反应。

但现在，我们可以看到另一种可能：

> 以太组成了所有物质，我们所能观测到的物理反应都
> 是以太反应（无论是粒子与光子发生反应，还是粒子通过
> 空间中的以太海达成反应）。

为了方便叙述，笔者暂且将这种认知看成对以太这种物质
的第五代认知，也就是"物质以太"。

如果以太是一种真实存在的物质，那它必然有其对应的物
理性质，而一切物理作用无非光波、粒子、场这三种以太结构
之间的相互作用，我们可以根据已知的物理现象去推断以太这
种物质的物理性质，寻找证实以太的契机。

延续这一视角，我们必然能发现现代物理学不曾注意到的
细节，尤其是关于以太海的细节。毕竟以太海从不曾作为现代
物理学的被研究对象，这里也许会存在认知的缺失。而在"物
质以太"的物理图景中，以太海才是一切物理现象存在的基础，
它不但使光速恒定，也是所有粒子赖以存在的环境。

是的，在以往的观念中，粒子是一种独立的存在，而在
"物质以太"的假设中，粒子被以太海紧紧包裹，两者之间的以

太作用维持着粒子的位置与形态。更形象一些的说法是，以太海中的粒子就像是水中的气泡，或者空中的肥皂泡。

另外，如果以太真的是宇宙中最底层的物质，能量这个概念也将因之更加清晰，因为以太的数量会影响能量的大小。而能量守恒定律的本质正是以太这种物质的守恒。

在"物质以太"的观点下，宇宙中的一切都可归为"物质以太"这种物质，而一切物理作用的本质也正是"物质以太"不同结构之间的相互作用，是"物质以太"的转移。

在以往，宏观高速的物理世界只能由相对论予以解释，微观粒子世界的解释权则由量子力学执掌。正如前文所述，如果现实世界的粒子结构真如粒子—光子模型所揭示的那样，那么宏观高速的物理世界完全可以通过牛顿经典物理，而非必须依赖相对论进行描述。

与此同时，我们是否可以再贪心一点，将以往独属于量子力学解释范畴的微观世界也打通？也就是说，是否可以使用统一的物理语言来描述整个物理世界？

新的问题随之而来：在这个过程中，有什么办法可以证明以太的存在，证明以太海的存在，并揭示"物质以太"的物理属性？

其实，在现代物理学的前沿认知中，光波、粒子、场之间的边界已经非常模糊，它们之间具有转化性。只是量子力学的研究重点并不是物质的本质，它更在意具体的应用，并具有一些数学上的倾向。

历史上，以太海这种结构从未被列入量子力学的研究范围，因为对于量子力学的研究者来说，并不存在以太这种物质。虽然狄拉克早早就提出了"狄拉克之海"的概念，人们也知道真空空间中存在能量，有人甚至对其进行了深入的计算，但并没有人将其作为研究目标，更没有人以研究物质的方式去开展类似的研究。

接下来，让我们进入微观物理世界，重温量子力学的相关历史，查看那些深藏的细节。

第五章
量子力学的秘密

现代物理学中有一个常识：牛顿经典物理可以看作低速状态下的相对论物理。

换句话说，相对论物理与相对时空观才是宇宙的本质规则，而牛顿物理只是其在低速时的近似。

现代物理学中还有另一个共识：微观世界的随机性才是宇宙的本质，宏观下的稳定是微观概率带来的结果。

如前文所述，在宏观世界，粒子性与波动性是两种完全不同的概念，但在量子力学的世界中，一切微观粒子遵循的都是波粒二象性，只不过在宏观世界中我们找不到物理现象可与波粒二象性相对应。

以玻尔为首的量子力学研究者认为，微观世界遵循的物理规律与宏观世界不同，研究者必须接受微观物理与宏观物理的本质差别，也使得量子物理学成为一种独立的物理研究方法。

然而，是微观世界的物理机制真的与宏观世界不同，还是说我们在探求过程中没有抓住问题的关键，从而产生了错误的认识？

如果相对论可被视作一种有着独特时空观的认识论，那量子物理呢？

量子力学的创立

19 世纪末，人们用经典物理学解释黑体①辐射实验时，出现了巨大分歧。

科学家在研究黑体辐射规律的过程中，依据不同的理论假设与研究方法，两组人分别提出了自己的预测公式，一个是维恩公式，另一个是瑞利—金斯公式。当大家把这两个预测公式与实验结果相对照后发现，维恩公式只在低频范围符合，瑞利—金斯公式只在高频范围符合。每一组人得到的结论都是对一半错一半，这可难坏了当时的研究者。

德国物理学家普朗克对相关内容进行了深入的比对和研究。考虑了所有可能性以后，他于 1900 年 10 月下旬在《德国物理学会通报》上发表了一篇只有三页纸的论文，题目是《论维恩光谱方程的完善》，第一次提出了黑体辐射公式。同年 12 月 14 日，在德国物理学会的例会上，普朗克作了《论正常光谱中的能量分布》的报告。在这个报告中，他激动地阐述了自己惊人的发现。

---

① 黑体：一个理想化了的物体，它能够吸收外来的全部电磁辐射，并且不会有任何的反射与透射。

普朗克提出，为了从理论上得出正确的辐射公式，必须假定物质辐射（或吸收）能量时不是连续地，而是一份一份地进行，只能取某个最小数值的整数倍。这个最小数值被他命名为能量子（在计算中用 ε 表示），其计算公式为：$\varepsilon=h\nu$，其中 ν 是希腊字母，常用来表示微观世界中波的频率，而常数 h，普朗克当时把它叫作"基本作用量子"，后被称为"普朗克常数"。

普朗克的这次报告，被视为量子论诞生的标志。由此，"能量子"成为微观物理学领域最基本的概念，而普朗克常数 h 是量子力学中至关重要的普适常量，普朗克本人也因为这一发现而获得 1918 年诺贝尔物理学奖。

量子论的核心在于能量的传输并不连续，必须一份一份地传输。我们可以看到，这种"量子化"的思路已经兼顾了粒子性与波动性。后来爱因斯坦将其应用到对光的研究上，提出了光量子模型：在确认光波是一种电磁波的基础上，将它进一步视为一份一份的光量子，而光量子同时具有波动性与粒子性，波粒二象性被正式提出。

随后，玻尔将量子化不连续的这种特性扩大到对微观粒子的研究上，用氢原子电子轨道的量子化来修正他的老师卢瑟福提出的原子模型（行星模型），认为氢原子核外电子的轨道位置也是不连续的，而且必须是确定的轨道位置。再后来，德布罗意提出物质波公式，认为微观粒子本身具有波动性或概率性。几乎同一时间，海森堡提出不确定性原理，薛定谔提出波动力学方程，狄拉克确定了量子化条件……最终，与宏观物理不同的微观物理的研究方法被创建。

以上大体就是量子力学的建立过程，其中无论哪一个步骤、哪一个公式，都离不开能量量子化概念与普朗克常数的影响。

普朗克常数在量子力学中占有重要地位，甚至可以说是整个量子论建立的基础，在许多重要的公式中它都存在。但它的物理意义是什么？"能量必须是一份一份的"这种解释容易接受，但这里的普朗克常数 h 是什么？它的物理意义又是什么？为什么 h 与辐射频率 v 的乘积等于能量的大小 ε？

在普朗克常数被提出以前，绝大多数的物理学常数都有自己的物理含义，但普朗克常数并非如此，它是一个神奇的自然常数，没有人曾清楚地说明它所对应的物理意义。

说到底，普朗克提出能量子的思想是不得已而为之，因为他发现只有这一种假设可以解决困扰物理学界许久的黑体辐射问题。普朗克常数的概念随之建立在对能量子解释的基础上，但就连普朗克本人也没有对这一常数本身做出很好的解释。

当然，这并不影响这个常数的重要性，也不影响量子力学对它的应用，因为现代物理学的研究思路是以应用为主[①]。爱因斯坦提出光子的波粒二象性是这样，玻尔提出的氢原子电子轨道量子化更是这样。

玻尔将量子化概念引入氢原子模型中，它可以很好地解释为什么电子跃迁时吸收与释放的能量是确定的，以及原子的光谱现象，但没有获得妥善解释的内容依然不少，比如氢原子的

① 在经典物理学中人们在意物理理论的合理性，现代物理学则更注重应用——数据来自实验，理论研究可以往后放一放。这一特征在量子力学发展史上尤为明显，在这个领域存在大量说不清物理含义的有效公式，或者经验公式。

轨道半径是怎样确定的？每一级轨道之间的关系由何而来？电子在公转轨道上移动时为什么不对外释放电磁波？

按宏观物理的观点，以上每一个物理行为背后都应当有一个明确的解释，但海森堡、薛定谔、泡利、狄拉克等人发现，如果我们接受玻尔的氢原子模型体现出的这些特点，并用"量子数"的思路来描述微观世界中粒子的特征，哪怕存在与宏观世界的认知冲突，还是可以对微观世界的粒子进行描述与计算……量子力学的完整大厦由此建立。

量子力学的大厦精确且稳固，但有许多知其然不知其所以然的内容。从普朗克常数的提出开始，到玻尔的氢原子电子轨道模型，许多理论物理没有跟上的遗留问题从一开始就埋下了隐患。

这些疑团真的无法从宏观物理的角度描述吗？微观物理与宏观物理之间，是否隐藏着一条不为人知的连接线？

普朗克常数的秘密

爱因斯坦扩展了普朗克的能量子公式（$\varepsilon=h\upsilon$），得到描述光量子的能量公式。这个公式非常简明：

$$E=h\upsilon$$

其中，E 是光子的能量，υ 是希腊字母，代表光子的频率^①，h 是普朗克常数。

理论上，只要能测量一个光子的频率，我们就可以用这个公式计算这个光子的能量。但其实，这个公式从来没有获得充分的解释，所以大家都将其作为一个经验公式。

可如果按前文中经典物理学的研究思路，一路推演出"物质以太"的相关体系，那么无论能量公式还是普朗克常数，都可以获得明确的物理含义。

按照之前的假设，光子是"物质以太"形成的结构，以太海也是由"物质以太"构成的。当光子于以太海中通行时，这两种不同的以太结构会发生空间上的重合，因而也会发生"物质以太"之间的反应。

我们知道光子的能量有大有小，这说明光子也许是由数量不等的"物质以太"构成。

光子会与以太海发生"物质以太"之间的反应，但不可能是以太海中的全部"物质以太"。如果套用宏观世界的思维，很容易想到，只有光子所在位置上以太海内的"物质以太"才能参与反应。也就是说，光子会从以太海中激发出一定数量的"物质以太"，然后两者再发生相互作用，这是一个比较合理的假设。

按照这个思路，接下来的问题是：以太海会被激发出怎样数量的"物质以太"？

其实，爱因斯坦的能量公式已经对这个问题做出了回答，

---

① 有时也用 f 来表示光波的频率。

只需要再对该公式做一个简单的变形。

原公式为：$E=hv$，即：$v=\dfrac{E}{h}$

在这个公式中，光子的频率 v 等于光子能量 E 与普朗克常数 h 的比值。

又因为频率与时间的关系，则有：$T=\dfrac{1}{v}$，T 为光子每个波动周期所用的时间。

将上述两个公式联立，就能得到我们最终要使用的公式：

$$T=\frac{1}{v}=\frac{h}{E}$$

也就是说，光子的每个波动周期为普朗克常数与光子能量 E 的比值。

这个公式具有怎样的物理意义？联系上文提到的光子与以太海之间发生作用的过程，我们可以进行如下合理推测：

> 当能量为 E 的光子（以太结构）于以太海（以太结构）中穿行时，光子所在空间位置上的以太海会释放出一份以太（与普朗克常数 h 对应），与光子所携带的全部以太（与光子能量 E 对应）发生反应，这两个以太结构中的以太元素会相互影响，发生某种交互，用时为 T。

任何物理反应都应有一个过程，光子与以太海之间的以太反应也是如此，因此还需要引入对时间的计量，而光波波动的周期就是这两者发生反应所需要的时间。在这个物理过程中，每经历一个时间周期，光波的空间位置就会被改变一个波长的距离，这也引入了对空间的度量。当时间与空间都被度量以后，速度的概念随之产生。

具体而言，每一个时间周期 T 内，光子中的能量 E 都会从所在位置的以太海中激发出一份以太，并与其发生作用。当这个反应循环发生以后，光波的周期性便出现了，光波的持续性位移也出现了，而光速 c 正是由这两者决定的。

以上描述的物理过程不难理解。我们可以看到，普朗克常数 h 所对应的正是以太海中被激发出的那一份以太。

但这依然不是一个很准确的描述，因为显而易见的是，普朗克常数 h 与光子能量 E 二者的物理单位并不相同，一个是焦·秒，一个是焦耳。并且，现代物理学中并没有哪个物理量对应以太的数量，所以不能直接比较。但我们可以去想象这个过程，并在以太的数量与能量的大小之间建立关联。

因此，当引入"物质以太"的相关假设以后，我们可以把光的波动与位移描述为光子中"物质以太"与以太海中激发出"物质以太"之间的以太作用，这个过程可以用宏观的波动学来描述与想象。在这个基础上，能量公式 $E=h\nu$ 与普朗克常数 h 所对应的物理意义也得以明确。

按照能量公式的变形公式 $T=\dfrac{h}{E}$，我们可以清楚地解读出它所对应的物理意义：

无论光子的能量 E 是多少，以太海中参与反应的能量或者以太数量都是确定的，因为与其对应的是普朗克常

数 h。

而光子携带的能量 E 会与以太海中激发出的能量发生以太反应，这个过程需要的时间是 T。

光子携带的能量 E 越大，这个反应完成的效率就越高，时间的计量值就越短。

因此，普朗克常数 h 的物理意义，应当和以太海中每一次参与反应所释放出以太的数量或能量的大小相关，同时也应当和光子与以太海中的以太发生反应的效率，以及人类对时间的度量相关。

也就是说，按照经典物理学的思路，如果我们引入"物质以太"假设，那光波的本质就是：

光与以太海这两种以太结构之间持续不断发生的以太反应。

普朗克常数 h 的物理意义则是：

以太海每次被激发出固定数量的以太（能量）与人类定义的时间度量的相关量。

能量公式 $E=hv$ 的变形 $T = \dfrac{h}{E}$ 可以理解为：

两种以太结构中以太元素相互作用的时间。

光子携带的能量 E 越多，光子中以太与以太海激发出以太的反应用时也越短，所以能量公式的变形公式 $E = \dfrac{h}{T}$ 具有更明确的物理意义，也就是：

我们可以用 $E = \dfrac{h}{T}$ 来衡量光子所携带的以太数量。

又因为以太海中的以太与光子中的以太是同一种物质，所以能量公式 $E=hv$ 的物理意义是：

光子中的能量 E 等价于以太海中每次激发出对以太的度量（h），与人类定义 1 秒的单位时间内对以太海激发次数（v）的乘积。

光波的波长 λ 可以用 $\lambda = cT = c\dfrac{h}{E}$ 来表示。（请记住这个公式，下一节我们还将用到它。）

以上，是在引入"物质以太"假设后对光子前行过程的解读。而在现代物理学中，光子前行的过程被解读为电场与磁场在空间中相互影响，二者交替产生，从而使光子得以在空间中移动。

的确，无论现代物理学的观点还是"物质以太"假设都可以解释光在空间中的传播，但以太假说下的解释更直观也更容易理解，它所描述的物理现象与宏观世界的波动理论是相通的。

并且，只有在引入"物质以太"的观点以后，能量公式与普朗克常数才可以具备容易解读的物理意义，也可以更好地解释光波的运动行为。当然，对光波的解释只是我们深入量子力学本质的开始。

虽然爱因斯坦提出光子具有波粒二象性，但他并没有解释其中的物理机制，只是认为光子具有与宏观现象不同的微观特性。好在引入"物质以太"的概念以后，波粒二象性也可以在宏观思路下得到理解：

> 波粒二象性并不是说光子同时具有波动性与粒子性的特征，其粒子性的来源是光子所携带的"物质以太"及其对应的能量，而波动性的来源是与光子发生反应的以太海。当二者于空间中结合时，我们观测到的光子似乎同时具有了波动性与粒子性。

曾有人把波粒二象性比作水中的船，船对应着粒子，它造成了水波，而水波也会乘载着船。这个例子用在这里也很合适，它反映了是光子造成以太海的波动。

也曾有人把木块投掷到水面上，发现木块会随着自己激发出的水波纹移动，因此也具有一定的波动性，甚至可以产生类似衍射的效果。我们同样可以用这个例子描述以太海的波动如何影响与其结合的光子的空间位置，由此形成光学现象中的衍射条纹与干涉条纹。

总结一下，在引入"物质以太"的相关假设以后，我们讨论了光波与以太海的交互过程，并给出了能量公式与普朗克常数的物理含义。

以这个假设为前提，我们得以用与宏观世界认知一致的角度去理解波粒二象性，这是将微观世界与宏观世界打通的基础。

接下来，我们要讨论粒子是怎样与以太海发生反应的，为什么以太海中的粒子也会出现波动，为什么粒子的位置会发生改变，而这波动的波长又来自怎样的物理机制。

当然，在量子力学中这种现象的名称是"物质波"，而其对应了大名鼎鼎的物质波波长公式。

物质波？概率波？以太波？

物质波也被称为德布罗意波，它是由法国理论物理学家德布罗意在 1924 年提出的。

爱因斯坦在 1905 年提出光量子模型，引入普朗克的能量子说法，提出波粒二象性，终结了物理史上漫长且著名的波粒之争。这种思路赋予光量子波动性与粒子性的双重特征，其实已经突破了宏观物理世界的传统思维。

而物质波概念的提出，可以说进一步把波粒二象性的特征赋予所有微观粒子，比如电子这种实物粒子。后来人们在电子的干涉实验中发现电子的落点的确具有波动性的特征，物质波由此被证实，并成为量子力学建立的基础之一，也是微观世界与宏观世界有不同运行规则的一个关键证据。

当微观粒子普遍具有波动性这个特征被实验证实以后，一个新的问题出现了：在微观尺度上，人们无法再精确计算微观粒子在空间中的位置，而这与牛顿终生信奉的决定论产生了冲突，也与宏观世界已知的物理规则发生了矛盾。

等到海森堡将这个特征归纳为量子力学的不确定性原理以后，人们终于无奈地承认，我们无法在微观尺度上精确测量微观粒子的空间位置与运动状态，能精确测量的只有粒子在不同空间位置上出现的概率。所以，物质波也被称为概率波。

如何认识这种微观世界的物理现象，不但是物理上的难题，也是哲学上的难题，这个难题自量子力学降生时便出现，至今也没有得到妥善解决。

有资料说，德布罗意的物质波思路受到法国物理学家布里渊的启发。

布里渊在 1919~1922 年间发表了一系列论文，提出一种能解释玻尔定态轨道原子模型的理论。他设想原子核周围的以太会因电子的运动激发一种波，这种波互相干涉，在原子外的电子轨道上形成驻波，使电子的轨道半径体现为一系列确定的值，也就是轨道半径呈现量子化。

这是很典型的经典物理思路，也是以太论的思路。不知道当年的洛伦兹是否听说过布里渊的这个设想，据说这位老先生那段时间正忙于第一次世界大战的战后重建，而布里渊的见解最终被德布罗意吸收。不过德布罗意认为，既然爱因斯坦好不容易才把以太概念移出物理学世界，就没必要再把它带回来，所以，他继承了波粒二象性的观点，将波动性直接赋予电子本身，而这种思路又被后来的研究者所继承。

这么多年来，因为布里渊的这个思路建立在以太假设上，所以仅仅被视作一个启发性的观点。但如果"物质以太"的相关假设不但都自洽而且可以得到自证，那布里渊的假设其实应该被看成一个被时代埋没的天才想法。

现在，让我们在"物质以太"假设的基础上讨论粒子与以太海之间的反应。与上一节一样，我们将在物质波的公式中寻找以太海参与反应的踪迹，并对物质波公式描述的物理现象进行解读。物质波公式可谓量子力学中最基础的公式，如果"物质以太"的观点能成功对其进行诠释，那距离完整地诠释量子力学也就不远了。

德布罗意的物质波公式来源于对光子的计算，因为在引入了光子动量的概念以后，光子的波长 λ 可以用普朗克常数 h 与光子动量 p 的比值来表达。而德布罗意认为，也许微观世界的电子也遵循与光子相同的规则，电子的物质波长能否也用普朗克常数 h 与电子动量 p 的比值来表达？即：

$$\lambda = \frac{h}{p} = \frac{h}{mv}$$

这里的 v 是英文字母，代表电子的速度。λ 是物质波的波长，h 是前文中的普朗克常数，p 是电子的动量，而动量 p 等于电子的质量 m 与粒子的速度 v 的乘积。

当然，最初这只是一个假说，不过它很快就得到了验证——戴维森与革末（Lester Germer）在 1927 年通过实验验证了物质波公式的准确性。

在上一节中，我们假设构成光子的"物质以太"会与以太海中的"物质以太"发生以太之间的物理反应，这种反应造成了以太海的波动，这正是光子看似具有波动性的根本原因。那么，当电子或其他物质粒子与以太海发生以太反应时，因为电子等粒子同样由"物质以太"构成，自然也应当发生类似的以太反应。

但这里有一个小小的区别：当光子进入以太海后，光子所携带的全部能量会与以太海发生反应，形成光波的波动，而当粒子进入以太海后，并不是粒子的所有能量都会与以太海发生反应，并形成物质波的波动①。

让我们延续相对论的观点，把粒子的能量分为静能量与动能量两部分。静能量是指当粒子在空间中静止时与其质量对应的能量，动能量是指与粒子速度相对应的动能部分，这两者加起来才是一个粒子具有的全部能量。

与粒子静能量相对应的那部分"物质以太"有自己的重要功能，在"物质以太"体系下，它们是维持粒子在以太海中结构完整的关键（这是下一章讨论的内容），而粒子携带的动能所对应的那部分"物质以太"，会与以太海发生反应，形成以太海的波动，也就是物质波。

跟光子与以太海之间的反应类似，当粒子进入以太海后，粒子所携带的动能会从以太海中激发出能量 h，这部分能量会

---

① 如果假设粒子的全部能量都会与以太海发生反应，经过必要的计算推导会得出这样一个结论：物质波的波速会达到 c^2/v，这是一个超过光速的速度，并不具备物理意义。

与粒子的动能部分发生反应。按照波动理论，以太海中波动的速度恒定为 c，而粒子原本的速度是 v，当两者发生反应时，构成两者的"物质以太"会发生反应，并结合在一起，粒子与以太海中激发能量的空间位置是重合的。

因此，以太海中激发出的能量会以光速 c 围绕粒子进行小空间内的转动，这形成了粒子周围以太海的波动。而原本以速度 v 进行移动的粒子也会受到周围以太海波动的影响，同样会产生位置上的变化，两者会相互影响，所以一个运动的电子，会在空间中表现出波动性。

值得注意的是，在这个过程中，粒子会不停更改自己在空间中的位置，使得它们落在可被观测的显示屏上时，其落点会呈现出随机性。如果"物质以太"真的存在，那么粒子之所以呈现出空间位置的随机性，并不是因为粒子自身具有波动性，而是由以太海中被激发的能量所牵引，才形成空间位置的变化。

并且，这个过程的参与者只有电子的动能与以太海中激发出的能量，并不存在其他的外来能量，所以虽然电子的速度一直在改变，但并没有能量的改变，不会产生向外的电磁波发射。

在上一节中我们讨论了光子与以太海发生的反应。光子与以太海发生反应时的"物质以太"对应的能量是 E，光子与以太海发生一次反应的周期时间为 $T = \dfrac{h}{E}$，而光子在空间中的速度为 c，所以光子的波长就是在这个周期时间（$T = \dfrac{h}{E}$）内光子前进的距离，也就是：

$$\lambda_{光子} = cT = c\frac{h}{E}$$

按照同样的思路，现在我们来考虑粒子与以太海发生的反应。粒子与以太海发生反应时"物质以太"对应的能量是粒子动能的部分 $E_{动}$，因此，粒子中的动能 $E_{动}$ 与以太海中被激发的能量 h 发生一次反应的周期时间为 $T = \frac{h}{E_{动}}$，而粒子在空间中的速度是 v，那么，这个粒子的物质波波长 λ 就是在这个周期时间（$T = \frac{h}{E_{动}}$）内粒子前行的距离，即：

$$\lambda_{粒子} = vT = v\frac{h}{E_{动}}$$

这个公式是在"物质以太"假设的基础上推导而出。我们假设粒子中的动能部分会与以太海发生反应，物质波波长 $\lambda_{粒子}$ 是一个反应周期内粒子前行的距离，也代表当粒子前行 $\lambda_{粒子}$ 的距离时，以太海中激发出的能量会与粒子发生互动，形成以太海的波动，也会影响粒子的空间位置。

但它是否与德布罗意的波长公式吻合？毕竟德布罗意的波长公式得到了实验验证。为了解答这个问题，让我们对这个量子力学中的核心公式进行一定的变形。

在德布罗意的物质波公式 $\lambda = \frac{h}{p} = \frac{h}{mv}$ 的基础上，我们在等号右侧分号的上下同时添加，将物质波公式转变为如下形式，即：

$$\lambda = \frac{\frac{1}{2}vh}{\frac{1}{2}vmv} = \frac{1}{2}\left(v \cdot \frac{h}{\frac{1}{2}mv^2}\right) = \frac{1}{2}\left(v \cdot \frac{h}{E_{动}}\right) = \frac{1}{2}vT$$

根据"物质以太"的假设,我们得到的物质波波长是 vt。但按德布罗意公式,物质波波长是 $\frac{1}{2}vt$,这两个公式的形态虽然相似,但前者是后者的两倍,而很显然,德布罗意给出的公式已被实验证实。

但这意味着"物质以太"的相关思路被证伪,还是说我们有什么遗漏的地方?

泡利不相容原理

接下来要出场的历史人物是泡利,美籍奥地利科学家、物理学家,他为量子力学带来的是以他名字命名的"泡利不相容原理"。

在对玻尔模型进行叙述以前,完整地介绍泡利不相容原理是一项几乎不可能完成的任务,我们也不打算这么做,但这条量子力学的基本原理指向这样一个结果:

> 在原子核外每一个电子的轨道中,最多可以同时容纳两个电子,只要这两个电子的自旋相反。

要特别说明的是,在经典力学中,自旋是指类似地球自转这种绕着一个轴旋转。但量子力学中电子的自旋是指电子的一种状态,对应着粒子的"自旋量子数",这是量子力学的一个专有名词(特有概念),并不如字面描述那样,想象电子在绕着自己的中轴发生旋转，因为这会遇到无法解释的阻碍。

微观世界的自旋因为无法想象，所以是一种量子态，没有可描述的物理过程，是粒子内蕴的一种物理属性。只能说，想象这个微观粒子在旋转，会有助于我们理解一些现象，所以科学界的前辈们试图"强行"沿用自旋这个宏观物理词汇来描述微观现象。

提出电子自旋概念的是年轻的物理学家乌伦贝克和高斯密特，他们提出这个概念的目的是对最初的泡利不相容原理进行补充。

两个年轻人虽然提出了这一观点，但他们对此并没有十足的把握。其实泡利本人也有过类似的想法，只是泡利认为，不能再利用经典物理的思维来思考量子模型，故而放弃了这一思路。出于类似的顾虑，乌伦贝克和高斯密特将相关论文投给杂志以后去请教洛伦兹，当时距离这位老人离世还有两年。

作为国际科学协作联盟委员会主席的洛伦兹听取了他们的想法，经过认真计算，发现电子的自旋速度必须非常快，甚至电子表面的速度必须超过光速十倍，才能与电子的其他特征形成对应，但这显然违背了相对论。据此，洛伦兹认为，并不能把电子的自旋真的理解为电子在绕轴自转。

不过，等到这两个年轻人的论文在杂志上发表后，自旋这种提法却得到不少人认可，尤其是量子论的领军人物玻尔。他认为自旋这个思路虽然参考了经典物理中力学的概念，但可以有效解决困扰物理学界多年的光谱结构问题。

两年以后，泡利也接受了这种说法，于是自旋作为一种无法用经典物理描述的量子现象，成为量子力学的一部分。虽然泡利曾表示微观粒子的自旋是被引入物理学的一种新邪说，他也一直表示自己搞不明白泡利不相容原理背后的物理机制，但它符合实验数据的统计。

是的，随着量子力学中无法用宏观物理解释的现象与概念越来越多，所有人都已经习惯这种"不懂但好用"的状态。如果有人指出微观世界与宏观世界中的哪条物理规则完全相同，那才是真正的反常。

以量子力学的视角来看，微观世界中的电子是这样一种状态：

1. 电子随机出没于一片确定的空间，形成了电子云，当观测发生时，电子云塌缩为具体的电子，它的行踪与状态符合概率统计规律，但我们无法对其进行准确的预测。

2. 它有类似自身在绕轴旋转所带来的特征，但又不能真的用宏观的自旋现象来理解，这是电子自身的一种内蕴属性，可以用量子力学中的特定语言对其进行描述。

3. 如果两个电子所携带的物理特征不同，它们就不可以存在于同一个电子轨道中，但这两个电子仅仅是自旋相反时除外。

其实这三条中的第一条，可以用上一节的思路来解释。

在引入"物质以太"猜想以后，粒子中的动能会与以太海中激发出的以太发生反应，粒子受到以太海中激发能量的影响，导致电子出现不规则但符合统计规律的运动。

而第二条，等到下一章我们在"物质以太"猜想下对电荷做出解释之后，就比较好理解了。其难点在于：

> 虽然经典力学中的电子自旋的确可以解释相关现象，但这要求要么电子表面的转动速度超过光速十倍，要么在电子内有几十倍甚至上百倍的负电荷。前者要求超光速，后者与现实不相符，因为很显然，一个电子只会表现出一个单位的负电荷。

至于第三条，也可以利用"物质以太"假说进行解释，因为现在粒子周围出现了以太海的漩涡，这同样可以用宏观的波动学说来解释。

> 粒子会从以太海中激发能量，形成以太海的波动，就如同粒子周围出现了漩涡，所以粒子对空间具有独占性，这与宏观物理中的现象接近。
>
> 但如果有另一个粒子所形成的以太海波动与其是反相位的，则两个粒子所形成的波动刚好可以中和。所以如果某一处空间中已经有了一个粒子，那只有另一个自旋相反而其他物理属性完全相同的粒子才可以嵌入其中，所以这条轨道内可以容纳最多两个粒子。

更重要的是，我们可以用它来解释上一节最后的遗留问题：

为什么说，当引入"物质以太"的猜想以后，根据推理得出的粒子与以太海所引发的以太海波动的波长，是实际测量物质波波长的两倍？

如果我们可以把泡利不相容原理中提到的电子轨道，看作在粒子与以太海发生反应的一个周期内的空间路径，也就是以太海波动的一个波长，则：

这一个波长的空间路径内，可以允许存在两个自旋相反的电子。

这种说法可能不太直观，让我们换一种表达方式：

在实验中，我们是根据电子的落点计算出电子物质波的波长，所以，我们在实验中观测到的电子落点，其实是两种自旋相反的电子在通过仪器后形成的叠加落点，可以被视为两个自旋相反的电子形成的以太海波动的叠加，或者说，每一个以太海的波动周长内，两个自旋不同的电子会有不同的移动轨迹与最终落点。因此，每一个电子在以太海中引发的以太海波动的真实波长，是实验中观测到电子物质波波长的两倍。

因此，虽然电子在以太海中激发出的以太海波动波长的确为 vt，但由于电子有两种自旋，实验中发射的电子束，其实是两种自旋的电子束的集合，所以我们能观测到的物质波波长变成了 $\lambda = \frac{1}{2}vT = \frac{h}{p}$。

的确，从结果上看，无论光子还是粒子，它们的波长都可以用普朗克常数与动量来表达，被描述为 $\lambda = \frac{h}{p}$。德布罗意正是据此提出了物质波波长的假设。但这，会不会仅仅出于巧合？

玻尔模型中的轨道量子化

物理学的许多研究都从对粒子结构的研究开始。

当然，许多分歧也是如此。

汤姆生在 1897 年把电子从原子中激发出来以后，人们认为原子是由带正电的原子核与带负电的电子组成。有人称这个模型为葡萄干圆面包模型，也有人叫它西瓜模型、枣糕模型……也许命名不同只是因为大家对食物的喜好各不相同，但总而言之，大家猜测电子被镶嵌在原子核上。

到了 1909 年，人们用 α 射线轰击薄金箔，发现绝大多数的 α 粒子都直线穿过，偏转很小，大约有 1/8000 的 α 粒子会发生大于 90° 甚至等于 150° 的大角散射。这说明原子内有大量空隙，原子核的内部相当空旷，葡萄干圆面包模型的假设由此被推翻。顺便说一句，这个实验与前文夸克模型部分介绍的电子—质子深度散射实验非常接近。

如果电子无法嵌在原子核上，人们只能想象它因为电磁力的吸引而绕着原子核旋转，这是可以理解的稳定状态。根据这个实验，英国物理学家卢瑟福在1911年提出原子结构的行星模型，认为电子像太阳系的行星围绕太阳转那样围绕原子核旋转，只不过起作用的不再是引力，而是电磁力。

这个模型可以解释为什么原子核内存在"巨大"的空间，但也遇到了难以解决的麻烦——根据经典电磁理论，绕核旋转的电子会发射出电磁辐射而损失能量，瞬间便会掉进原子核里；在这个过程中，随着电子轨道半径的逐渐收缩，电子应该会释放出连续的电磁波。

事实上，绕核旋转的电子是稳定的，不会掉进原子核。原子核外的电子在吸收与释放能量时，释放出电磁波的能量并不连续，而是大小明确且分离的。

这一点明显与实际情况相悖，对此卢瑟福很是头疼。而这两个难题，前者引出了量子力学中电子云的概念①，后者被他的学生玻尔于次年攻克。

尼尔斯·玻尔是丹麦物理学家、哥本哈根大学博士、丹麦皇家科学院院士，虽然当时他还只是年轻的学生，但他做出了一个重要假设，也就是我们现在要讨论的玻尔模型。

在将普朗克的量子概念引入原子核结构以后，玻尔假设电子在原子核外的运行轨道是分离的、不连续的，也就是量子

———————————

① 认为电子并不如行星那样沿着明确的线路移动，而是随机出现在空间中可能的位置。当然，这只是量子力学给出的一个诠释。

化的。

卢瑟福假想的电子轨道就像一个斜坡，高度逐渐升高，电子轨道的半径可以是任意数值。而玻尔假想的电子轨道就像一列台阶，每一级台阶都有确定的高度，正如每一层电子轨道的半径都是确定的。如果真是这样，电子在不同电子轨道上跃迁时释放与吸收的能量必然是一系列的确定数值。

如前所说，先是普朗克提出能量的不连续性，也就是量子化，接着爱因斯坦将这个观点扩展到光子上，提出光量子模型。现在，玻尔再次扩展了这个思路——不但能量是量子化的，并不连续，而且受到能量量子化影响的电子轨道也是量子化的，也不再连续。这种不连续的特性，正是量子化的核心。

由于氢原子是最简单的原子系统，只有一个质子与一个电子，所以在研究原子核结构时，科学家大多从氢原子的模型开始。玻尔模型也是如此，这是一个针对氢原子的概念模型。

玻尔的量子化轨道原子模型给出了这样的原子图像：

电子在一些特定的可能轨道上绕核做圆周运动，离核越远则电子的总能量越高（电子的动能降低但电势能增加）。

电子可能的轨道由电子的角动量与 h/2π 的整数倍决定。当电子在这些可能的轨道上运动时，原子不发射也不吸收能量；只有当电子从一个轨道跃迁到另一个轨道时，原子才发射或吸收能量。

　　从此，当人们应用量子力学来讨论微观世界原子核外电子的位置时，无须再去描述不同电子轨道的半径，只需要知道电子所在的轨道层数这类参数，就可以描述与计算电子轨道的半径，及电子的角动量、能量等具体数值：如果最内层电子轨道半径为 r，则第二层电子轨道半径为 $4r$，第三层为 $9r$，第 n 层为 n^2r，这简直不能再方便了。

　　在量子力学中，我们称呼电子所在的轨道层数为主量子数，这是研究原子模型最常用到的。如果知道一个电子的主量子数，也知道这个电子的角量子数、磁量子数和自旋量子数（这三者是电子的其他参数，当然也都是量子化的），就可以在量子力学体系内明确描述一个电子的物理特性。

　　玻尔的量子化轨道原子模型是量子力学发展史上的一个重要模型，它可以被看作横跨经典力学与量子力学之间的桥梁，只是这个模型后来的应用并不太多。因为虽然其公式正确可用，但它只能描述最简单的氢原子，而且仍然借鉴了较多经典物理的思路。比如这个模型总会给人电子在绕核旋转的感觉，这与量子力学中电子云的概念冲突。

　　此外，玻尔的工作可以解释为什么氢原子外的电子只能具有量子化的轨道半径，但不能解释为什么电子会出现在这样的轨道半径中，尤其当电子处于基态（最内层的电子轨道）时，为什么轨道半径刚好是一个明确的数值。尽管后来玻尔一直致力于这方面的研究，甚至提出一个被称为 BKS 的理论，试图解释为什么电子具有量子化的轨道，也试图将经典理论与量子理论结合，但这个模型最终无疾而终。

　　总结一下，玻尔的量子化轨道原子模型非常重要，但有两个问题：

　　1. 电子轨道半径的数值从何而来？
　　2. 电子在轨道半径上到底怎样移动？

　　对这两个问题，无论以往的经典物理还是现代的量子力学都难以给出圆满的答案，但以太假说能为我们提供破题的思路。

　　先说说问题 2。在物质波那一节我们曾解释过，当粒子与以太海中激发出的能量结合后，粒子的空间位置会被其影响，这是粒子与以太海之间的相互作用。因为不涉及外来的能量对粒子加速，虽然电子一直在变速移动，但不会导致对外的能量发射，也不需要外来的能量参与。因此，在以太假说下，并不需要量子力学中电子云这种诠释，也仍然可以采用经典物理的计算方式来计算原子核外电子的动能、动量等数据。

　　现在，我们只剩一个要解决的问题：为什么氢原子的电子轨道具有确定的数值？

　　在现代物理学中，这几乎是一个无人问津的鸡肋问题，毕竟电子轨道半径的数据来源于实际测量，必然准确可用。

　　而"物质以太"假说可以对其作出合理的解释。

　　在介绍泡利不相容原理时，我们曾把电子轨道与以太海的波动关联在一起。现在，我们只需要将氢原子外电子的物质波波长与其轨道周长关联在一起，看是否存在确定的规律即可。

这里需要一点简单的计算 [①]，让我们直接略过而给出结果：

> 对于氢原子核外的电子来说，当其能量处于基态时，其电子具有的动量所对应的物质波波长，正好等于氢原子基态电子轨道周长。

基态轨道指的是氢原子核外的第一层轨道，也是电子速度最快、物质波波长最短的轨道。在这个轨道上运行的电子刚好可以让以太海的波动稳定，当然也允许另一个自旋相反的电子同时出现在这个轨道内。

基态电子的半径必须是确定的数值，不可以更小，因为那会使电子物质波的波长大于其轨道周长。当电子绕核旋转一周后，它会被自己激发出的以太海波动干扰。基于以上特性，氢原子核外电子基态轨道半径的数值便得以确定，而每个电子轨道上允许存在两个对以太海造成反相位波动的电子，也就是两个自旋量子数相反的电子。

当我们确定了氢原子核外电子基态轨道半径的数值以后，就可以继续推导出电子外层轨道半径的数值。

当电子的轨道向外跃迁以后，轨道半径增大，动量减少，物质波的波长会随之增加。还是基于与泡利不相容原理类似的理由，电子在绕行原子核时产生的以太海波动不应该出现相互

---

① 有兴趣的读者可自行计算，所需公式及数据包括氢原子基态轨道半径、电子在基态轨道上的动量、普朗克常数，以及物质波波长公式。

干扰，所以既然每一层电子轨道的周长要等于其内电子物质波波长的整数倍，那第二层轨道的周长也应该等于两组电子激发出的物质波波长……以此类推，第 n 层轨道周长等于 n 组电子激发出的物质波波长。再把库仑力（电子与质子之间的吸引力）与电子绕核时的离心力纳入考量，我们就可以计算电子在各层电子轨道上的相关数据。

延续这个思路，还可以继续推导出许多有趣的内容。比如当把电子轨道这个圆环扩展到球面以后，再考虑电子的两种自旋，我们可以知道为什么不同电子层中可容纳电子的最大数量是 $2n^2$。而电子亚层的相关概念，以及洪特原则等，也可以用宏观的方式推导得出。有兴趣的读者可以自行探讨，但一定要注意，以太假说并不是现代物理学中主流观点，本书中的内容只是笔者对现代物理学的思考与个人观点。

到目前为止，我们已经用经典物理的思路研究了微观世界的许多内容。那么，进一步思考会如何？前方是否有更多惊喜呢？

更多内容本书就不再继续展开了，但我们已经看到，如果将以太假说带回现代物理学，微观的量子力学与宏观的经典物理之间的通道会更通畅，加上前面讨论过的相对论物理，这三者以往泾渭分明，现在它们间的壁垒似乎松开了。

在质子内部

在讨论玻尔模型中电子的基态轨道时，我们强调过，当电子处于基态时，其轨道周长与电子的物质波波长相等。

换一种描述方法，就是当电子绕氢原子核旋转一周时，电子中的动能刚好与以太海中被激发出的能量完成了一个周期的相互作用。①

也就是说，支撑起基态轨道的不是电子，也不是电子中的动能，而是被电子动能所牵引的以太海中的激发能量。

如果在氢原子核外侧被电子激发的以太海具有这样的特性，那氢原子核的内侧呢？换言之，对于一个质子来说，质子的半径从何而来？

还记得第三章我们对粒子结构的讨论吗？我们了解了现代物理学体系内的夸克模型，介绍了"物质以太"下的粒子—光子模型，继而发现，粒子—光子模型中的质子—内部光子环形转动模型可以完美匹配粒子的半径与质量，这意味着质子的真实结构有可能正是由四个光子环形转动而形成的空间结构。

在玻尔模型中，我们认为是电子激发出的以太海波动支撑起电子的基态轨道，每个轨道可以容纳两个让以太海产生反相位波动的电子。基态轨道的周长正好是电子的动能激发以太海能量作用一个周期时间内电子前行的距离。

而在质子内部，光子同样会从以太海中激发出能量，且光子与这份能量依然会相互结合。如果质子外壳能够起到反射光子的作用，我们就可以得到与电子轨道类似的光子轨道，每个

---

① 考虑到电子的自旋，一个轨道内可以容纳两个自旋相反的电子，我们还是可以沿用原有的物质波公式。

光子轨道内同样可以容纳两个让以太海产生反相位波动的光子。而质子的周长，也正是这四个光子各自激发以太海能量作用一个周期时间内光子的前行距离。

这两者的模型完全一致，都可以用宏观物理的模型来描述，也都与实验测量的结果吻合。

在质子—内部光子环形转动模型中，我们说质子可以等价于四个光子的环形转动，至此，更准确的说法是：质子可看作两个光子轨道的垂直叠加，其中每一个光子轨道内可以容纳两个让以太海产生反相位波动的光子，四个光子的环形旋转支撑起质子的空间形态。

或许读者已经发现，普朗克常数、物质波、玻尔模型的基态轨道、几种主量子数，甚至质子的结构，都可以借由以太假说得到统一解释[1]。如果光子与粒子都会与空间中的以太海发生作用，那微观与宏观的认知壁垒不再那么分明。

其实，壁垒的出现，始于人们将经典物理学体系下的以太概念舍去，始于无法用宏观思维解释的物质模型波粒二象性的建立，始于人们将以太海的波动性归入粒子的特性。

量子力学正是建立在以上认知上，而后在量子力学的地基上盖起了量子场论与粒子标准模型的摩天大厦，它们也传习了同样的物质认知，造成宏观物理与微观物理的分离，最终导致整个体系具有难于理解与反直觉的特性。

---

[1] 具体见附录。

当我们重拾并更迭以太的概念，引入"物质以太"的相关假设，高速下的相对论物理、宏观的经典物理、微观下的量子物理这三者并非泾渭分明，相对论与量子力学之间也不再存在任何隔阂，所有细节都能相互得到印证。而在以往充满随机性的微观物理世界，似乎也可能由决定论进行诠释。

在这个新的体系中，光子环形态的质子结构至关重要，虽然这仅是本书中提出的一个观点，但它的确可以被论证。一方面它得到实验物理的支持，最新测量的质子质量、半径都与这个新模型契合，另一方面，这个结构可以解释太多内容。在前文讨论相对论效应时，我们发现粒子—光子模型可以突破牛顿物理与相对论物理之间的壁垒。在这一章，我们看到玻尔模型中电子轨道的构成机制完全可以解释质子的光子结构。后续章节我们还要用它来解释万有引力与惯性，以及电磁力。

可挖掘的内容还有许多，它们都是一个整体。

比如在粒子—光子模型中，当质子内四个光子的能量确定以后，其波长也就确定了，质子的周长与半径随之确定。

然而还有下面的问题：

> 是什么决定了质子内每一个光子能量的大小呢？
> 另外，是什么让质子内的光子被反射呢？

接下来，让我们一起进入一个重要的板块——电荷。

第六章
电荷是什么？

如果说牛顿力学让人类摆脱了原始的蒙昧，电磁学的发展则使人类文明走向璀璨。而与电磁学有关的一切，起源于人们对电荷的研究。

人类对电的认知

早在公元前 600 年左右，希腊哲学家就做过这样的观察：在琥珀上摩擦猫毛以后，琥珀会吸引像羽毛一类的轻微物体；假若摩擦时间够久，甚至会有火花出现。

这是人类对静电现象最早的记录，记录者是泰勒斯，即提出水元素是万物本质的那一位。

进入近代以后，英国医生吉尔伯特发现，摩擦不但可以使琥珀具有吸引轻小物体的性质，还可以使不少别的物体如玻璃棒、硫黄、瓷、松香等具有同样的性质。他把这种吸引力称为"电力"。他甚至为此写了一本著作，叫《论磁石、磁体和地球大磁石》，全面论述了对磁体和电吸引现象的研究。请注意吉尔伯特开展这项研究工作的时间，是 1600 年。

人类对正电与负电的研究同样由来已久。

1734 年，法国人杜伐做了一系列实验，他用玻璃棒与丝绸摩擦，同时用松香与毛皮摩擦，使玻璃棒与松香带电，然后用细绳将玻璃棒与松香悬挂起来，观察它们之间的受力情况。杜伐发现，玻璃棒与松香携带的是两种不同性质的电。电荷的同性相斥异性相吸特征也是在那时被发现的。杜伐把玻璃棒带的电称为"玻璃电"，把松香带的电称为"松香电"。

这是早期自然科学的认知。

一般认为，用科学方法开始对电的研究，始于美国科学家富兰克林。富兰克林在 1747 年给朋友的信中提出这样的观点：

> 电是一种没有重量的流体，存在于所有物体中；当物体得到比正常分量多的电，就称为带正电；若少于正常分量，就称为带负电。

根据富兰克林的说法，正电会经常移动，所谓"放电"就是正电流向负电的过程。

当然，这只是富兰克林自己的猜测，他试图用一种物质来解释两种电荷。虽然这一猜测没有得到验证，但是正电、负电两种名称被保留下来。

还是富兰克林，他在 1752 年用风筝实验尝试捕捉天电。他把一个很大的带着金属丝的风筝放到云层里，风筝线的下端用金属丝挂了一串钥匙。当雷电发生时，富兰克林用手靠近钥匙，立刻感受到电流带来的麻木感。有资料说他看到手指和钥匙之间产生了小火花。也有资料认为,富兰克林并没有真的做过这个实验,因为1753年,俄国著名电学家利赫曼为了验证富兰克林的实验,不幸被雷电击死。

不论历史细节如何,我们需要知道的是,这个实验不但导致了避雷针的发明(1754年),更证明了自然界中的雷电与摩擦产生的静电是同一种"物质",电是自然界中的一种常见现象。

历史上,人类对电现象的研究层出不穷。比如有人曾用电鳐所发的"生物电"治疗精神病,比如伽伐尼在解剖青蛙时发现了"动物电"。

值得一提的是荷兰人莱顿发明的莱顿瓶,以及意大利人伏特发明的伏打电堆。莱顿瓶可以储存一定的静电,据说富兰克林捕捉天电时就是靠它来保存雷电,而伏打电堆能通过化学方法制造电流。正是这两个装置让早期的电学研究者掌握了获得电的稳定方式,得以对电现象展开有效研究。

值得注意的是,在这段历史时期,电被认为是一种物质。

18~19世纪,可谓电磁学物理学家群星璀璨的时期,欧姆、安培、麦克斯韦、赫兹、法拉第……这些人都是物理教材上的常客,他们把电与磁发展为一门完整而伟大的科学。

期间有这样一个插曲。

1858年,德国物理学家尤利乌斯·普吕克与英国物理学家克鲁克斯各自发现了一种叫做阴极射线的现象。当装有两个电极的玻璃管里的空气被抽到相当稀薄时,在两个电极间加上几千伏的电压,在阴极(与负电荷对应)对面的玻璃壁上会出现

闪烁的绿色辉光，可是实验者并没有看到从阴极上有什么东西
发射出来。这是怎么回事？

这种现象引起许多科学家的浓厚兴趣，进行了很多相关实
验。结果发现，当在阴极及其对面玻璃壁之间放置障碍物时，
玻璃壁上就会出现障碍物的阴影；若在它们之间放一个可以转
动的小叶轮，小叶轮的阴影也会转动起来。看来确实从玻璃管
的阴极发出了一种看不见的射线，像是一种光线，也很像一种
粒子流。当然，那时人们还在为光到底是波还是粒子争论不休，
还没有弄清楚这种射线的庐山真面目之前，只好将它称为"阴
极射线"。

对于阴极射线，科学界分为两大派系。德国学派认为这种
射线是波动，其领军人物是做了电磁波火花实验的赫兹，他猜
测这也许就是可观测的以太波。英国学派也许是出于对英国前
辈牛顿的尊重，他们认为阴极射线是粒子流，领头人是最终发
现了电子的汤姆生。

现在我们知道，阴极射线的本质是电子流，所以当 1897
年汤姆生让阴极射线通过一片磁场时，他注定要在这场论战中
赢得胜利。汤姆生发现磁场会让阴极射线的落点发生偏转，改
变磁场的大小可以对落点造成影响，这是典型的洛伦兹力现象，
说明阴极射线是由带电的微小粒子构成。

让阴极射线通过磁场也许只是一次偶然的尝试，但汤姆生
并不只是一个幸运儿，他还做了两个更进一步的工作，使他在
科学史上的贡献变得不可忽视。

首先，汤姆生计算了这种粒子的荷质比，也就是电荷与质

量的比值。然后,他在生成阴极射线的仪器,也就是两头接上电极的玻璃罐中,充入不同的气体,发现无论是哪种气体,其射出的阴极射线中粒子的荷质比都相同。也就是说,这是一种普遍存在于一切原子中的带电粒子。

由此,电子被发现,人们开始对原子内部结构继续拆分。

当电子被发现以后,人们把电荷看作电子的一种特性,而不再认为电荷是一种单独的物质。当质子也被发现以后,这种观点愈发稳固。在量子力学的量子化概念被提出以后,电荷正是第一批被量子化的物理概念。直到现在的量子场论中,电荷也被认为是粒子的一种物理特性。

还有一个与电荷有关的概念是反粒子。

依照量子场论的观点,场是粒子的集合,而粒子可被认为是场的一种激发态。狄拉克认为,既然存在电子带负电的激发态,也应当存在电子带正电的激发态。虽然从来没人观测到带正电的电子,但1928年狄拉克就已经根据量子力学的相关理论预言了正电子的存在。这是一种携带正电荷,其他物理属性都与电子相同的粒子。不久,在1932年的实验中,正电子被发现。

1918年,人们在实验中发现了携带一个单位正电荷的质子,携带负电荷的反质子则在1956年被发现。此后,绝大多数粒子都在实验室中找到了它们的反粒子,也即除了电荷相反,其他物理性质全都相同的粒子。

电中性的光子勉强算是一个例外,可以认为光子没有反粒子，也可以认为光子的反粒子还是光子本身。

人们对反物质这种现象非常好奇。我们已经可以在实验室中获取由反质子与反电子结合成的反氢原子，也就是反物质。因为狄拉克是使用量子力学的理论工具率先预测了反粒子与反物质这种现象，所以这类现象可以看作对标准模型的实验证明与重要支撑。

当然，也有人提出，为什么我们可见的宇宙是由正常的物质，而不是反物质组成？这个问题直指一个终极问题，即宇宙是如何诞生的？反物质的存在，让宇宙在人类眼中变得越发神秘。

到了现在，人类对电荷的操纵可以说到了极其精微的程度，对电磁波的应用我们同样如臂使指，电脑与手机这类堪称革命性的科技造物应运而生。

只不过，为什么粒子会具有电荷？为什么电荷具有量子性？为什么电荷会在空间中形成电场？为什么运动的电荷会形成磁场？如同为什么粒子具有质量一样，人们对这些最本质的问题莫衷一是，不过这不影响对电磁现象的应用，而应用正是现代物理学惯常的研究思路。

电荷是物质吗？

长期以来，电荷被认为是粒子具有的一种内蕴属性，电场则是带电荷粒子所具有的内蕴属性，而电场会产生磁场则是电磁场这种物质的内蕴属性。按现代物理学的研究思路，这些都是微观粒子所具有的内蕴属性。当然，标准模型的研究者也在对此进行深入研究。

如果采用本书中的"物质以太"假设，我们对如上内容将会有完全不同的认知。

在"光波是以太海的波动"这个认知与粒子—光子模型支持下，我们可以认为以太是宇宙中最底层的物质，光波、粒子和场都是以太所构造的不同结构。

最新测量得到的质子半径与质子质量数据是粒子—光子模型的实验支持。前文中我们通过粒子—光子模型将高速物理、宏观物理与微观物理连接在一起，则可以体现出这个体系的重要性。

通过上一章的介绍我们可以看到，氢原子外基态轨道上的电子所激发出的以太波波长与基态轨道的周长相同（需要考虑电子的两种自旋），而质子内光子所激发出的以太波波长同样与质子的周长相同。也就是说，粒子—光子模型中的质子结构与玻尔模型中的电子轨道，两者出现了同样的物理机制，这是对体系自洽性的一部分论证。

现在，要完全理解"物质以太"假设下的质子结构，有一个问题可谓核心：

质子内的光子为什么会发生反射？

如果它是被粒子球壳所反射，那粒子球壳是由什么物质构成的？对此很自然的联想是：

质子具有正电荷，电子具有负电荷，这正负电荷的物理性质是否来源于组成质子球壳与电子球壳的两种物质？

我们知道光子是电中性的，但如果按电磁学的思路对光进行研究，我们会发现，当光波前行时会规律性地出现电磁场的特性，电矢量也会周期性地波动，如同有电荷在其中运动起落。

我们能否据此认为，电中性的光子正是由以上两种物质组合而成，并且这两种物质在组合后会围绕其中心点发生空间上的振动？

如果光子真的由代表正电荷的物质与代表负电荷的物质组成，那么，当光子中的正电荷部分向上振动时，其负电荷部分就会向下振动，这两者的运动都会形成向上的电流，反之亦然。所以在光波的周期性运动中，会形成方向与大小周期性变化的电矢量。

显然，这与主流观念下光的电矢量状况完全一致。这仍然是可以用宏观物理思路完成的解释。

至此，只需要解决最后一个问题，我们就可以把所有细节结合在一起：

如果以太的确是组成万物的最小元素，那它与具有电荷性质的这两种物质是什么关系？

我们已经假设了"物质以太"的存在，这是解释前文许多物理现象的基础。现在为了解释粒子的电荷与光子的电磁波动，

"物质以太"的假设需要进一步细化。

带电荷的物质会在空间中形成电场、磁场、电场力等电磁现象。按现代物理学的理解，电荷属于粒子内蕴的属性。而在粒子—光子模型中，粒子被看作在内部运动的光子与组成粒子球壳并能够反射光子的未知物质的结合体。那么，电荷是否与组成粒子球壳的这种未知物质相关？

两百年前，富兰克林试图用一种物质来解释正负两种电荷，他失败了。所以在我们的设想中，"物质以太"也应被拆分成两种不同的物质，分别对应正电荷与负电荷的不同特性，我们可称之为"正以太元素"与"负以太元素"。

假设电荷的本质来源于正负以太元素，正负以太元素显然也应具有"同性相斥异性相吸"的特征。

我们知道，带电荷的粒子要么带正电荷，要么带负电荷，这是否意味着这种未知物质也有正负两种？如果我们认为电荷的这种特性来源于这两种物质，也就是正负以太元素，那质子就应当被视为正以太元素与其内光子形成的结构，电子应被视为负以太元素与其内光子形成的结构。所以质子带正电，电子带负电。

而光子应被视为等量的正以太元素与负以太元素结合形成的电中性结构，在粒子内运动的光子也是如此。而以太海同样是由等量的正负以太元素组对形成的电中性结构。只不过以太海是一个庞大的整体，当光子与粒子在其中通行时才会激发出一份份的能量，或者说，激发出一份份等量的正负以太元素。

而电场与磁场，也许正源于带电粒子携带的正（负）以太元素对以太海这种均匀以太结构的改变。所以，正负以太元素的物理特性也应与我们熟知的正负电荷的物理特性类似，尤其是应当有同性相斥异性相吸这项特征。

因此，电荷所对应的一切电磁学现象，或可理解为基于以太的物理特性，在携带单种以太元素的粒子，与由均匀正负以太元素组对所形成的以太海这两者之间发生的以太作用。

这里有若干细节，首先是电荷的量子化。

我们知道粒子携带的电荷是量子化的，即每一个粒子携带的电荷（或者单种以太元素）数量都是确定的。

请注意，在"物质以太"假设下，我们需要调整对电荷量子化的理解。以往大家都认为质子与电子所携带的电荷是电荷的最小单位，而在"物质以太"假设下，我们更倾向于将其解释为，在每一个电荷粒子的外壳上，其携带的正以太元素或者负以太元素都是等量的，所以我们能观测到的粒子所携带的正负电荷都具有相同的数值。

单种正（负）以太元素与以太海之间的相互影响，才是电荷这个物理概念背后更细微的物质基础，只不过，我们能观测的任何带电粒子所携带的单种以太元素数量都是一致的，所以任何带电粒子所携带的电荷数都相同。（在夸克假说中，夸克粒子会携带分数电荷，但在粒子—光子模型中不需要夸克粒子的假设。）

这就是电荷量子化的来源。初看的确有些古怪，就如要求宏观世界中每一滴雨滴内的水分子数量必须相同。但其实这里的物理机制我们在上一章已经介绍过，关键点仍然是普朗克常数 h，也就是当光子或粒子进入以太海时，以太海会激发出等量的"物质以太"这一特性。这一份份等量的"物质以太"，必然是由数量确定的正以太元素与负以太元素所形成，我们能否使它们彻底分离？

现在，让我们将正负以太元素的概念代入光子与以太海反应的过程，以更详尽地说明这一关键物理机制：当光子与以太海发生反应时，光子中的正负以太元素会从以太海中激发出特定数量的正负以太元素，前者与光子能量 E 对应，后者与普朗克常数 h 对应。光子的能量 E 越大，光子中正负以太元素对以太海激发出正负以太元素的影响就越大。

具体地说，光子在以太海中的波动与前行，源于光子与以太海中同种以太元素之间的彼此排斥，而当光子与以太海中的正负以太元素因排斥而发生空间上的分离后，由于异种以太元素之间的吸引，它们又会结合在一起。

当光子与以太海中激发出的以太开始反应后，光子中的正以太元素部分会对以太海激发能量中的负以太元素部分造成吸引，光子中的负以太元素部分也会对以太海激发能量中的正以太元素部分造成吸引。

因此，以太海中出现了波动性，这种波动性影响了光子（或粒子）在干涉等光学现象中的成像[1]。

———————————

[1] 光子中的正负以太元素同样呈现出波动性，与其对应的是电矢量的波动。但其实，与光子波动性相关的问题仍然是量子力学诠释的疑难，具体解析参看第八章。

现在让我们考虑一种极端情况：

如果光子 E 的能量足够大，能使普朗克常数 h 所对应的正负以太元素在空间上被完全分离，这时会发生什么现象？

这有些类似于我们已知的一种物理现象：

当一个高能光子掠过一个重核粒子时，高能光子会变成一对正负电子偶，也就是一个正电子与一个负电子。

对于这种现象，以往的研究只是通过动能守恒公式与动量守恒公式来说明这个物理变化是合理的，对其成因并没有给出足够的解释。但在以太假说下，这是个简单明了的物理行为。

在这个过程中，高能光子会从以太海中激发出一份与普朗克常数 h 相对应的正负以太元素，再使它们在空间上尽可能分离。如果这个瞬间发生在高能光子掠过重核粒子附近时，组成高能光子的一部分以太元素可能会与以太海激发能量中的正以太元素部分结合，形成正电子，另一部分则与其中的负以太元素部分结合，形成负电子[1]。

正因为每次以太海受激发时释放出的以太数量都是确定

---

[1] 至于为什么这个反应会发生在重核粒子附近，先留个悬念，等到后文我们介绍了广义相对论，对以太海的了解更深入之后，再来解释这个问题。

的，其内包含的正负以太元素数量也是确定的，也正是这部分正以太元素或负以太元素形成了带电粒子的粒子外壳，所以微观粒子，尤其是质子与电子这两种稳定的电荷粒子，它们携带的电荷虽然种类不同，但电荷量相同。

也因此，质子模型再次得到细化：我们需要在两组光子环外配置质子外壳上的正以太元素，也就是对应正电荷的那部分物质。我们会看到，在质子外侧存在两组正以太元素环，而物质以太下的质子模型对质子深度散射实验的解释即为：如果入射电子没有遇到质子对应的正以太元素环，就会不被干扰地穿过质子，否则会被其影响，改变方向。

至于标准模型下需要研究的种种短寿命粒子，也都是质子与电子跟外来能量临时结合形成的不稳定状态，或者它们在分解中的不稳定状态，但无论是怎样的粒子，只要它们具有电荷，表现出的电荷量就一定相同。

带电荷的粒子

现代物理学认为，质子是复合粒子，它由夸克组成。

但在以太假说下，质子由四个环形转动的光子形成，它是最基础的物质粒子。

在第三章中，我们对质子的质量与半径展开计算与比对，论证了粒子—光子模型在数值上是合理的。

在第五章中，我们发现光波、物质波、玻尔的轨道量子化、质子内的光子环这些现象，都可以用同样的物理机制来解释。

由此，高速物理、宏观物理、微观物理的壁垒得以打通。现在，距离完整地论证粒子—光子模型只剩下最后两个疑问：

1.怎么证明以太是存在的？
2.为什么质子内的光子会被质子球壳反射？

第一个问题几百年以来一直无法得到解决，这有赖对以太认知的更迭，我们稍后再谈。

第二个问题如果得不到解决，那环形转动的光子简直不可想象。

通过上一节的分析，在"物质以太"假说下，我们知道光子可被视作由正负以太元素结合所形成的以太结构，而质子的球壳则是单独的正以太元素。因此，这个问题就变成了：

为什么光子会被代表电荷的正以太元素（或负以太元素）所反射？

其实在上一部分，我们已经描述了为什么光子会在空间中不停地运动，其本质是光子与以太海这两种以太结构之间的以太作用。

光子的前行有一个前提条件，即在光子的运动方向上，必须要有可以激发出能量的以太海。

如果不考虑黑洞或者宇宙边缘这类还无法直接探求的极端区域，以太海似乎无处不在。因为宇宙中不存在光无法穿行的真空（即使存在我们也不知道），所以无论光子传播到哪里，总能从以太海中激发出一份能量，也就是一份正负以太元素，两者结合以后完成一个周期的波动与空间位置上的改变。

然而，如果光子运动的前方不是同时包含了正负以太元素的以太海，而是一份孤单的正以太元素（跟质子内的光子撞到质子球壳时的情况类似），光子会怎样？光子还会从以太海中激发出一份同时包含正负以太元素的能量么？

显然不会。在这个方向上，只有正以太元素，没有激发出负以太元素的可能性，所以光子无法通行。它必须寻找另一个可能的移动方向，也就是被质子的正以太球壳所反射。

这里我们还可以做更细致的思考，这个细节与粒子在空间中的运动行为相关。

当包含了正负以太元素的光子从内部撞击质子的正以太球壳时，质子的正以太球壳会与光子携带的负以太元素结合，而光子携带的正以太元素会顶替质子正以太球壳上的一部分正以太元素，这个过程会使质子的正以太球壳发生空间位置的微小变化。

同样，如果是质子外部的光子撞击到质子的正以太球壳，也会发生类似的现象。如果这个质子原本的空间状态是静止，被光子撞击之后，质子便获得了位置的改变，或者说，在这个瞬间，这个静止的质子获得了速度。

所以，当质子内光子与质子的正以太球壳发生撞击时，光子会被反射,而质子正以太球壳的空间位置会被改变。

这里还有一个极为重要的细节:质子内部的能量(以太)数量会影响质子在空间中的速度。

还记得第二章我们用光子钟做过的思想实验吗?其中有这样一个细节:

> 当光子钟的速度变为 $0.8c$ 时,其内光子的往返间隔会增加到原来的 5/3。也就是说,当光子钟运动起来以后,其内两块反光板所承受的光子撞击量减少了。

如果我们换一个角度,把视线集中到光子钟内的反光板,并在光子钟内放置更多的振动光子,比如说 100 个。假设这两块反光板能够承受的光子撞击频率是确定的,甚至,这两块反光板必须承受固定数量的光子撞击频率才能维持稳定,那么,当光子钟的速度增加时,光子钟内两块反光板所承受的光子撞击频率会降低,也就是说,我们需要向光子钟内注入更多的光子,才能维持这两块反光板的稳定。

反过来,如果光子钟的速度由 $0.8c$ 恢复到静止,那就无法再承受其内那么多光子的撞击,因此其内部一部分的光子会被释放出来,也就是一部分能量会被释放出来。

这个过程可以等效为粒子的速度与粒子内能量的关系,描述的是粒子在空间中运动的本质:

带电荷的粒子在空间中的运动状态，是粒子内正负以太元素（与能量对应）、粒子的单种以太元素球壳（与电荷对应）和粒子外的以太海，这三者所形成的以太均衡状态。

因此，如果一个静止的质子获得了额外的能量（即动能，也是正负以太元素），质子必然无法再保持静止，而会在与以太海的相互作用下开始移动。

以上分析的是质子内部的光子与质子球壳的相互作用。换个角度，如果撞击的光子来自质子外部，会发生怎样的物理变化？对这个问题的思考，有助于我们做一些细节上的串联。

还是与光子钟类似的原理，当外来光子的撞击让原本静止的质子产生速度以后，在单位时间内，由正以太元素构成的质子球壳所承受的光子能量减少。质子需要获得更多能量才能维持自身以太结构的稳定，它需要摄取更多的能量或者说正负以太元素，于是这个撞击过来的光子内的正负以太元素就会成为最佳选择。

所以光子从外部撞击质子的结果便是：质子的空间位置会发生变化，产生瞬时速度；与此同时，质子会从外界吸取正负以太元素，由此光子中的能量会被充入质子中。

需要注意，光子的能量（正负以太元素）不会被质子完全吸收。

一方面，光子的撞击虽然会改变其撞击点处质子球壳的空间位置，但质子的速度并不是由这一个点的位置改变而产生的，而是质子内的光子获得了更多能量以后，在一次一次的环形转动中与质子的正以太元素球壳不断发生作用，迫使质子球壳产生速度。这是质子内以太元素平衡后的结果。

另一方面，质子吸收能量也需要一定时间，但这个时间远小于质子内光子驱动质子球壳改变自身位置的时间。也就是说，质子获得能量，与质子速度的改变，是两个不同的物理过程。

因此，光子只能对质子注入一定数量的能量，一些无法被质子瞬时吸收的能量会被释放，其表现方式还是光子，只不过这次撞击使光子的能量减少，而质子的能量增加，随后质子的速度发生改变。

当然，在这个过程中，能量与动量都是守恒的。在以太假说下，能量守恒的本质是以太这种物质的守恒。

那么，能量的增减与粒子速度的变化有怎样的关系？这背后其实也有对"惯性质量"这个概念的解释。而"力"又是什么？粒子这种以太结构吸收能量时是否有"效率"这个概念？

沿着这一思路，就能在以太假说下理解牛顿力学背后的物理机制，不过本书不做更多的展开，有兴趣的读者可以自行推导。

一些其他的细节

让我们代入质子—内部光子环形转动模型，再来看看粒子—光子模型与狭义相对论的关系。当质子的速度增加以后，其内光子旋转一周需要经过更多的空间距离，而光速在以太海中恒定为 c，所以质子内光子的旋转周期增长，连带着出现所谓的时间效应。

质子球壳上的正以太元素可以看作更小的点电荷。通过电磁学的相应计算，我们发现具有速度的质子长度会缩短，也就是所谓的长度效应。

在这个过程中，质子获得了更多的能量，也就是所谓的质量效应。

质子内的光子在旋转，旋转的光子（正负以太元素）会对构成质子球壳的正以太元素造成影响，围绕质子旋转的以太元素（包括质子内光子中的以太元素）正如围绕质子旋转的电荷，这也是质子自旋的事实模型。因为这样的作用，质子产生了自己的磁场，也就是量子力学中所描述的磁量子数。

在质子—内部光子环形转动模型中，质子内的光子以切线方向撞击正以太元素形成的质子球壳，而在电子—内部光子振动模型中，电子内的光子以垂直方向撞击负以太元素形成的电子球壳，很显然，质子球壳能够承受的撞击更多，这也是为什么质子质量能比电子大一千多倍的原因。

当质子与电子的电荷数量（单种以太元素数量）与其内光子的运动方式确定以后，质子与电子内能承载的正负以太元素数量也随之确定下来。因此，宇宙中所有质子的空间尺度、质量、电荷都完全相同，电子也是如此。

物理学中有一些非常本质的疑难问题，如能量是如何变成质量的？为什么有质量的粒子具有惯性？

这两个问题其实我们已经通过粒子—光子模型做出了解释。

如果说最简单直接的能量对应的是光子这种以太结构，那粒子本身就是由周期性运动的光子与粒子球壳所组成的复杂以太结构，只不过这些光子被单种以太元素形成的外壳所限制住，所以确定质量的粒子必然可以与确定能量的光子发生对应，其本质是以太元素的守恒。

粒子的速度是其内光子周期性运动后的叠加速度。力的本质是能量的传递，即以太元素的传递。当粒子获得更多能量以后，粒子内部的光子与粒子球壳还有以太海这三者之间会发生以太元素的平衡，使粒子在以太海中的速度发生改变。

由此可见，粒子获得能量与它速度的提升是两套物理机制，粒子速度降低与它的能量释放也是两个过程。与能量增减相关联的是光子与粒子之间发生的反应，而与粒子速度相关联的是粒子与以太海之间发生的反应。也因此出现了惯性，即对于有质量的物体来说，受力（能量增减）与速度改变并不同步。

现代物理学中有惯性质量这个概念。但在以太假说下，惯性质量不再是一个无法解释其机制的粒子的内蕴属性，而是当粒子内的以太元素数量发生改变后所产生的以太反应，这个过程有以太海的参与。

在现代物理学中，通过爱因斯坦的质能公式我们了解到，任何有质量的物体都可以根据质量计算它对应的能量，质量与能量在本质上是相同的，都是用来描述以太数量的一个计量值。

在引入粒子—光子模型及其对应的以太假说以后，我们对以上描述的理解或可深入其本质。

相应地，在现代物理学的框架内，给粒子赋予质量的思路是假设存在一个希格斯场，这个场覆盖了宇宙空间，当有能量的特定粒子处于其中时，它便可以获得"质量"这个特征。

这是两种完全不同的对"质量"的理解方式，大家会选择哪一个？

第七章
电场与磁场

当我们尝试用以太假说对电荷做出解释之后，再来看看受到电荷影响的以太海又该如何理解。

在现代物理学中，跟这样的以太海等效的是电场与磁场。

在现代物理学的思路中，电荷会在空间中形成电场，电场会对其中的电荷造成影响。

而在以太假说下，我们需要讨论的问题就转变为：带有电荷的粒子会对以太海带来哪些影响？被影响的以太海又将如何影响带电荷的粒子？

在现代物理学的思路中，运动的电荷会形成磁场，运动的电荷在通过磁场时会受力。

而在以太假说下，这些现象的实质是以太元素之间的相互作用。

不知道大家看出来没有？这几乎就是 150 年以前麦克斯韦的思路，一个不曾被证伪的思路。只是现在，我们对其做了一些细节上的修正。

提出证伪主义的英国哲学家波普尔认为，科学研究本身就是试错的过程，在不断试错中逼近真理。那么，"电场是一种特殊的物质"与"电场是以太海的特殊状态"，这两种观点究竟哪一种是错误的，哪一种才逼近真相？

电场与力

在现代物理学中，电荷是粒子内蕴的属性。但在本书中的以太假说下，与电荷对应的是正以太元素或负以太元素，于是现代物理学中的电场，可以等价于在正以太元素或负以太元素影响下的以太海。

为了便于描述，先不考虑反物质。在以太假说下，单独的正以太元素总是出现在质子球壳上，单独的负以太元素则出现在电子球壳上，而以太海被视为由等量的正以太元素与负以太元素相互平衡后的结构。那么，以太海是如何被带电荷的粒子影响而变成电场的？

以太元素之间只有一套物理规则，简单理解就是：同性相斥异性相吸。这一套物理规则可以应用在一切以太作用中。

以带正电荷的质子为例。

当一个质子出现在一片以太海中，不考虑质子的动能对以太海的激活以及相应的物质波，只考虑质子与以太海这两个以太结构的相互影响，那么，质子球壳上的正以太元素必然在空间上与以太海中的正负以太元素发生接触，而以太海中的负以太元素则会被其影响，原本与这些负以太元素组对的以太海中的正以太元素会被释放。

也就是说，当质子浸入以太海以后，质子球壳上单独的正以太元素会影响周围以太海中的负以太元素，两者的效果中和，并让周围以太海中出现单独的，或者活跃的正以太元素。

这种反应会持续进行，不但与质子相邻的以太海中会出现活跃的正以太元素，更远距离位置上的以太海中同样会出现这样的正以太元素。

随着距离的改变，最初由质子携带的这些正以太元素会持续影响更外围的负以太元素，并让等量的正以太元素被释放，而后释放出的正以太元素再继续如此影响周围的以太海。

很显然，如果说质子外壳上单独的正以太元素具有吸引负以太元素的特性，那现在质子周围的以太海同样具备了这种特性。原本以太海中的正以太元素都与负以太元素处于组对状态，但这一个携带单独正以太元素质子的出现改变了这片以太海原本的平衡，这一片以太海中都有正以太元素被释放出来，形成了新的活跃的正以太元素。

以太海的这种改变由该粒子所在的点位置开始，直到无穷远处，这就是带正电荷的粒子形成正电场的过程，也是为什么与电荷距离越远电场力越小的根本原因。既然这种传递是通过以太海进行的，那显然，电场传播的速度也是光速 c。

出于同样的原因，带负电的电子也会将以太海"改造"为一片具有活跃负以太元素的空间，也就是负电场。

当我们尝试用以太假说来描述电场时，电场力的产生过程也就明确了。

电场力也就是库仑力，用来描述两个电荷之间的受力关系，其作用规则仍然是同性相斥异性相吸。

如果以太海中已经存在一个带正电荷的质子，也就随之产生了一个具有活跃的正以太元素的正电场，而越靠近质子的空间位置上，活跃的正以太元素的密度越高。

因此，如果这片空间中出现了一个外来的带电荷粒子，比如电子，根据同性相斥异性相吸的特性，带负电的电子会向正以太元素密度更高的方向移动，所以带负电的电子会在正电场中被质子吸引。

但如果出现在这里的是带正电的另一个质子，那质子的正以太元素球壳会带领这个质子去往正以太元素密度更低，或者负以太元素密度更高的方向，两个质子会彼此远离。

以上描述能帮助我们理解电荷粒子在电场中受力的方向来源，但仅仅凭借同性相斥异性相吸的规律，并不能解释为什么电荷粒子会从电场中获得能量，因为粒子只有获得额外的能量才能由静止转变为运动状态。

那么，被电场影响的电荷粒子究竟是如何受到"力"并获得速度以及能量的？

在以太假说下，能量必然与以太元素，也就是组对状态下的正负以太元素相对应。而任何力离不开能量的转移，在这个过程中，与电场力相匹配的能量从何而来？

电势能的来源

在现代物理学中，人们普遍认为电场中的电荷粒子具有一种特殊的能量，也就是电势能。势能是储存于一个系统内的能量，电势能即储存于电场中的能量。

但现代物理学并没有对能量的物质性做出解释，也没有对电势能做出与物质相关联的解释，它只是确认了在电场中的电荷的确具有这类特殊的能量。

在以太假说下，让我们沿着上一节的思路，探索电势能的来源。

前面提到，当以太海中出现一个质子以后，它周围的以太海空间都会受其影响，出现活跃的正以太元素，也就是形成一片正电场。

同理，当一个带负电的电子随后也出现在这一片空间时，这个具有负以太元素球壳的电子同样会如此影响这里的以太海，释放以太海中的负以太元素。

在临近这个电子的空间位置上，这里的以太海已经由于质子的存在而释放出一些正以太元素，又因为电子的存在释放出一些负以太元素，这些活跃而自由的正负以太元素会因为"异性相吸"而结合，形成正负以太元素的组对，也就是这片以太海空间中的自由能量。

这些自由能量可以被电子捕获，在这个过程中，这个电子获得了额外的能量。

而由负以太元素球壳包裹的电子，天然会被吸引而向着正以太元素更多的位置移动，因此，已经获得了额外能量的电子会向着该方向移动。

因此，这一个质子与一个电子通过以太海发生相互作用，获取能量，发生位移，并体现出速度与受力现象。

电场力，其本质是电场中的电荷粒子获得能量与方向性的过程。

这些能量的来源，正是粒子周围以太海中的以太元素。带正电荷的质子与带负电荷的电子对以太海轮番施加影响，让这些以太元素从以太海中释放出来。

以太海中充满了以太，只不过其中的正负以太元素相互结合，不对外体现正以太元素或负以太元素的特性，只有几种特殊的物理过程才会使其释放蕴含的正负以太元素（能量）。所以说，在以太假说下，以太海也是能量海，这就是电势能的来源。

刚才我们讨论的是电子会在正电场中获得能量，电子释放出以太海中的负以太元素，质子释放出以太海中的正以太元素，两者结合形成能量，驱动电子改变空间位置。但还有另一种情况：

如果是一个质子被放置在另一个质子产生的正电场中，又该如何解释这两个质子会因为排斥而开始背离运动这一现象？

因为两个质子形成的都是正电场，激活的都是正以太元素，并没有负以太元素的提供者，所以看起来前面的逻辑似乎行不通。但事实上，我们无法凭空让两个静止的质子出现在靠近的位置上，也就是说，如果一个质子开始靠近另一个质子，必然已经有外力对其做功。

比如，我们把一个质子 A 发射向另一个质子 B，携带了动能的质子 A 必然会不断减速，这是质子 A 的动能不断减少而电势能不断增加的过程，也是质子 A 携带的以太元素不断被释放的过程。能接受这些以太元素的，只能是质子 A 本身，及其周围的以太海。

所以，在以太假说下，以太海不单是能量海，还可视作能量电池，它不但能借出能量，也能接收并储存能量，不过这必须遵循一定的规则。

还记得库仑力公式吗？这是电力学发展历史上第一个定量公式。库仑定律描述了两个点电荷彼此相互作用的静电力的大小。当一个电量为 q' 的点电荷作用于另一个电量为 q 的点电荷，其静电力 f 的大小可以用方程表达为：

$$f = k_e \frac{qq'}{r^2}$$

其中 r 是两个点电荷之间的距离，k_e 是库仑常数。

依照前文对库仑力来由的以太解释，通过相关计算可以发现，想要满足库仑力的大小与距离平方成反比的规律，必须满足一个条件，即：

在电荷粒子附近，比如在质子附近，单独的正以太元素的数量与距离成反比。

库仑力与距离的关系是平方的反比，而单独正以太元素的数量与距离的关系是反比，这其实也佐证了粒子—光子模型的正确性。

在物质以太假说下，质子的确不是传统概念上的球形结构，而是两组二维的光子环嵌套叠加而成的三维类球体。根据以太元素之间的作用规则，质子正以太球壳上的正以太元素也会与质子内的光子结合，所以质子的正以太外壳同样不是传统概念上的球形结构，也是两个二维的正以太元素环的嵌套叠加。

二维的正以太元素环会在二维平面的方向上影响周围及远方以太海中释放出的正以太元素数量，只是跟陀螺仪类似，质子中光子环的方向也会不断发生变化，而每一秒钟质子内光子旋转的次数都是天文数字，因此质子外壳上的正以太元素环的方向也会随时改变，将其对以太海的影响由二维平面扩展到三维空间，由此形成三维空间中的电场。

如果深入计算便可发现，质子结构模型的提出，是基于对质子半径与质量的测量，但这个模型与库仑力公式同样吻合。随后我们还将看到，这个模型也符合万有引力公式。

其实，引力势能的来源仍然是以太海，但万有引力与电磁力的产生，的确出自完全不同的物理机制。这也许能解释为什么现代物理学中的标准模型理论用了 50 年，也没能成功将引力并入电磁力、强力、弱力的解释体系里，这些内容我们将在后文中予以讨论。

磁场与力

与电场相同，在现代物理学的体系内，磁场同样是一种看不见、摸不到，但在磁现象中起作用的特殊物质。

先看看人类是如何发现并开始研究磁现象的。

中国古代四大发明之一的指南针就是利用磁现象制成。《吕氏春秋》已经记载了"磁召铁"的现象，汉代以前的人把磁石看成是铁的"母亲"，把磁石吸引铁看作慈母对子女的吸引，因而磁石被写成"慈石"。

在西方，法国学者德马立克在 1269 年仔细标明了铁针在块型磁石附近各个位置的定向，围绕这些记号又描绘出很多条磁场线。德马立克发现，这些磁场线相会于磁石两端，就好像地球的经线相会于南极与北极，因此，他称呼这两个位置为磁极。

1600 年，英国医生吉尔伯特的著作《论磁石、磁体和地球大磁石》开创了磁学这门科学。1644 年，笛卡尔在《自然哲学》中也对磁现象进行了描述。

等到 1820 年，现代磁学研究开始了。先是丹麦物理学家汉斯·奥斯特发现通电导线会施力于磁针，使磁针转向，由此电与磁的研究被结合在一起，右手定则也被发现。

在奥斯特研究的基础上，法国电学家安培发现，对于两条平行放置的导线来说，如果其内部电流的方向相同，它们会相互吸引，如果电流的方向相反，则会相互排斥。紧接着，法国物理学家让·巴蒂斯特·毕奥和菲利克斯·萨伐尔共同发表了毕奥—萨伐尔定律，用以计算在载流导线四周的磁场。

1821 年，法拉第重复了奥斯特的实验，发现电流对磁极有横向作用力。根据这个特点，第一台电动机被发明，实现了电能向机械能的转化。

1824 年，西莫恩·泊松发展出一种能够较好地描述磁场的物理模型。泊松认为磁性是由磁荷产生的，同类磁荷相排斥，异类磁荷相吸引。他的模型几乎套用了静电的模型——磁荷产生磁场，就如同电荷产生电场一般。该理论甚至能够正确预测储存于磁场的能量。

泊松的理论虽然能预测一些磁力现象，但也有明显的瑕疵，尤其是人们无法找到单独的磁荷，无论把磁铁怎样切割，都无法得到单独的磁荷。

1825 年，安培发表了安培定律，该定律也能够描述载流导线产生的磁场。更重要的是，它为整个电磁理论的建立打下了基础。

1831 年，法拉第证实，变化的磁场会生成电场。其实验结果展示出电与磁之间更密切的关系。

然后就到了1865 年，麦克斯韦整理了已知的电磁学公式，发展出麦克斯韦方程组。最初的麦克斯韦方程组并不是后来被精简后的形态，但总归是麦克斯韦将电学、磁学甚至光学在理论上统一起来。当然，在麦克斯韦看来，自己的这些工作是对"电磁以太"的解释。

在现代物理学中，如果按经典电磁学的思路，运动的电荷会造成磁场。但在量子场论中又有不同的认知——万物皆场，场即粒子，电场与磁场都是虚光子造成的特殊效应。关于电场与磁场本质问题的研究仍在持续，甚至还有人在为发现磁单子①而努力。

---

① 磁单子：只有一种磁极特征的基本粒子。

而在"物质以太"假设下，万物都是以太，当我们分化出两种以太元素、三种以太结构以后，磁场跟电场一样，也是一种能被清晰认知的物理现象。

确切地说，电场是以太海的特殊状态，磁场也是以太海的一种特殊状态。

为什么电会产生磁？

让我们从最经典的电磁学认知开始。

为什么运动的电荷会形成磁场呢？

前面说到，当空间中充满由正负以太元素组对形成的以太海，而一个带正电荷的质子在空间中运动，那么，随着质子空间位置的改变，周围以太海中活跃正以太元素的分布也会发生相应的变化。

按照以太最根本的物理规则，同性相斥异性相吸，质子会吸引（中和）周围以太海中的负以太元素，并排斥（激活）以太海中的正以太元素。因此，随着质子的前移，以太海中正以太元素的峰值会随着质子一起移动，而以太海中负以太元素的峰值会沿着质子运动的反方向移动。

如同随着带正电荷的质子的运动，以太海中的正以太元素与负以太元素形成了对流。

如果把这个质子换为带负电荷的电子，让这个电子沿着质子刚才运动的反方向运动，以太海中的正负以太元素也会形成与之前完全相同的对流，这也是为什么正电荷的运动与负电荷的反方向运动可以形成完全相同的磁场。

也就是说，在以太假说下，以太海中正负以太元素的对流才是磁场的本质，这是电生磁的本质。

这是一个容易理解的观念，但以上描述并不是非常准确。

更准确的描述是，笔者认为，我们应该把空间视为一种真实存在的物质，它的物理性质有两个，一个是让空间的结构有序，另一个是空间会与以太发生结合，形成以太海。

空间是以太海存在的基础。笔者猜测，任何光子与粒子都不会直接与空间这种"物质"发生接触，只能与已经跟空间结合在一起的以太海发生作用。

打一个比方，画家先在画布上涂满白色作为画作的底板，这涂在画布上的白色颜料就是以太海。而画家的画作只能涂在这白色的底板上，其他的颜色便是宇宙中的物质。

与空间紧密结合的以太海好比宇宙这个巨大画作的画布底板，光子与粒子可以在以太海中按规律移动，但以太海中的以太元素已经与空间发生结合，因而无法发生空间位置的大范围移动。

可以说，按目前所知，只有在两种情况下以太海中的以太才会出现位置上的显著改变。

第一种是当光子与粒子穿过以太海时，这时会从以太海中激发出与普朗克常数相关的正负以太元素，也就是形成以太海波动的那部分能量，但这些能量会在一个运动周期以后回归以太海。

第二种情况出现在势能 ① 向动能转换时，在这种情况下，以太海中的以太元素会转移到粒子上，使势能减少而动能增加。在以太海与粒子之间，这种能量或者说以太元素的转移可以是双向的。

因此，在与磁场有关的现象中，以太海中运动的电荷并不会真的推动以太海中的正以太元素或者负以太元素发生运动，而是运动的电荷会改变在以太海不同位置上的正负以太元素的状态——当正电荷粒子靠近时，以太海中原本保持平衡的正负以太元素中的负以太元素会与其发生物理性质上的中和，导致所在位置上的正以太元素自身的物理性质被释放。

所以，在以太假说下，我们可以把磁场简单理解成在运动电荷的影响下，以太海中正负以太元素的对流。更严谨的说法是，这只是正负以太元素效应峰值的对流，而不是正负以太元素空间位置的对流。

以太海中的以太元素很难大范围移动，因为它们与空间发生了结合。但在以太海中运行的光子与粒子可以很方便地改变自己的空间位置，因为它们只与以太海发生反应。

当然，作为"画布"载体的空间这种物质仍然是一种假设，而这个假设与"物质以太"假设不同，后者我们在下一章可以找到办法证明它的真实存在，但对空间做同样的证明很难。

---

① 既包括前面讨论过的电势能，也包括后文中的引力势能。

不过，这种假设符合我们对世界的认知与想象，也与"物质以太"体系契合。

在这种理解下，让我们回看以往对磁场的认知。

电流可以形成磁场，一般是两种情况：第一种是通电直导线，传统上认为这会形成旋转的磁场。另一种是通电螺线管，人们认为这会形成如同条形磁铁一般的磁场。以往人们用右手定则对这两个现象进行描述。

我们知道，小磁针可以等效于一个沿着圆形导线旋转的电荷，如下图所示。

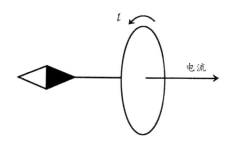

图 7-1　磁针等效于一个沿着圆形导线旋转的电荷

以往人们都用"磁感线"这个概念来描述磁场的方向，磁感线的方向总是从 N 极出发进入 S 极，在磁体内部从 S 极又回到 N 极。

对于这个小磁针来说，如果小磁针的 N 极垂直纸面向下，也就对应着一个垂直纸面向下的磁场，其等效于一个在纸面上顺时针转动的正电荷产生的磁场。所以，其以太海的本质是：在这个空间范围内，有一个正以太元素顺时针旋转而负以太元素逆时针旋转的以太海对流。

如果磁场可以被看成以太海中正负以太元素的对流，我们就可以继续深入理解为什么运动的电流会在磁场中受力，也就是洛伦兹力。

仍然用质子举例。如果现在有一个磁场的方向垂直纸面向下（等效于一个正电荷的顺时针旋转），另有一个带正电荷的质子沿纸面从下向上射入磁场，根据左手定则，我们知道这粒质子会向左侧偏转。

要解释这个现象，不但要用前面对磁场的以太理解，还要应用量子力学中物质波的相关以太认知。

当这个质子射入磁场后，质子中的动能会与以太海发生反应，从中激发出与普朗克常数对应的以太元素。现在我们知道，这是一组等量结合的正负以太元素。

受所在空间的磁场（以太海对流）影响，这组被临时激发的正负以太元素的位移方向是这样：在质子前进的空间位置上，正以太元素会向右移动，负以太元素则向左移动，也就是与当前磁场中正负以太海的流动方向相同。

而质子会向负以太元素的方向移动，所以，这个质子在该磁场中会向左发生偏转。这就是洛伦兹力的以太解释。

其他电磁现象这里就不再详细说明了，比如为什么奥斯特发现小磁针会在通电直导线的周围发生偏转？为什么安培发现两根通电直导线之间会产生力？如果读者愿意花一点时间，要得出以太假说下的相关解释并不难。

几种极端情况

在讲解洛伦兹力时，我们描述的是一个运动的质子射入了静态的磁场。

换一种情况。如果质子与磁场在空间中都保持静止，这种情况下，带电荷的静止粒子不会受到磁场的影响，也不会产生洛伦兹力。如果用以太假说来解释，则是：

静止于磁场中的质子仍然存在有可能位移的方向，也就是磁场中负以太流的方向。但这个过程中，这个静止的质子并没有途径来获得额外的能量以形成位移，所以当质子与磁场都于空间中静止时，质子的位置不会发生任何改变，自然也没有受力。

再换一种极端情况。如果运动的不是这个质子，而是磁场，也就是质子在以太海中静止，磁场在以太海中运动，因为质子与磁场之间的相对运动，洛伦兹力的现象仍然会发生，这又该如何解释？

以及最后一种极端情况：磁场与质子都在以太海中运动，但随着两者相对速度的不同，质子的受力方向会发生变化，这又是为什么？

事实上，我们并没有办法确认任何惯性系相对于空间的运动状态，所以最后这种情况才是真实的情况。

这个问题直接指向狭义相对论的另一个核心假设。

爱因斯坦在提出狭义相对论时，曾经用到两条假设。

第一条假设是光速不变原理，也就是在任何惯性系内，光速恒定。

前文描述了在以太假说下物体运动时的情况。有了粒子—光子模型的支持，我们发现运动的物体，其时间的计量会改变，其空间的长度会缩短。又因为我们无法对单程光速进行测量，只能计算往返的双程光速，当以上三种因素结合在一起，我们能测量到的光速恒定为 c。

但其实这并不是说光在惯性系中的速度为 c。在运动的惯性系中，如果我们能有效测量单程光的光速，那惯性系内的观测者会看到，光在各个方向上的速度是不同的。但因为单程光速无法测量，我们在计算双程光速以后，在对时间与空间的度量发生改变后，会发现光速恒定是一个数值不变的计算结果。

第二条假设是相对性原理，也就是在不同的惯性系中物理规则不变。其实光速不变原理也可看作在不同惯性系下测量到的光速不变，是相对性原理的一种应用。

爱因斯坦认为相对性原理是宇宙中的一个根本性原理，因此，其体系内的许多重要结论都以此为基础展开，包括我们马上要讨论的广义相对论。因为人类的确从未发现任何违背相对性原理的物理现象，所以，该原理已经成为现代物理学中最底层的一条根本性原理。

但事实上，我们究竟应该把这条原理当作物理学的本质，还是物理学的现象？

跟光速不变原理一样，我们应该像以往那样把它作为相对论的支柱，还是作为以太假说下的一个物理结论？

随着在以太假说下的研究越来越深入，我们会发现，相对性原理的确是普遍存在的根本现象，但并不是有谁"规定"了这样一条根本原理，因为这一切都可以在以太观假说下得到解释。

所有物理现象都符合相对性原理，但不同物理现象有不同的底层机制，也就是相对性原理有不同的触发背景。相对性原理应当是"果"，而不是"因"。

比如我们完整地推导了为什么对于光速恒定来说，相对性原理是成立的，但如果要解释为什么洛伦兹力也符合相对性原理，也就是如上两种极端情况，那我们要做许多额外工作，需要引入粒子的以太结构、电荷相关、粒子与以太海的反应等等知识，虽然这些都已在本书中做了介绍，但要把它们串起来仍然需要许多篇幅。

在光速恒定与洛伦兹力之外，其他物理现象也同样遵循相对性原理，所以我们需要在以太假说下去分析不同物理现象背后的以太机制，以及使不同物理现象的"相对性原理"能够成立的以太机制。

篇幅所限，本书不再对这些内容进行完整的展开，有兴趣的读者可以根据"物质以太"的特性自行推导。

最终我们会发现，如果不考虑引力场（本书最后一章的内容），一切都与光速 c、与物体自身的速度 v 相关，而这也是为什么洛伦兹因子[①]在相关研究中普遍适用的原因。

------

① 洛伦兹因子：又称相对论因子，是依照相对论处理不同惯性系间物理量转换时用到的一个方程组。

这一章，我们尝试用以太假说"重建"电磁学的相关认知。当我们能用"物质以太"观念对电荷进行解释后，自然就能推导出电场与磁场的以太海结构。

其实，无论是现代物理学中的认知还是"物质以太"观念下的电磁学解释，其应用规则是不变的，甚至现代物理学中的方法在应用时会更方便。引入以太假说下的思路，也许可以帮助大家开阔一下视野，尝试从新的角度思考问题，以新的眼光看待我们生活的世界。

通过前面的分析可以看到，"物质以太"观念下的物理模型完整且自洽，不过它依然要面对所有以太论者都要经受的诘难：

有什么办法可以证明以太的存在？

下一章我们将进行这方面的论证，以及试着讨论一些被现有物理体系所忽视的细节。

第八章

四个光学实验

可以说，物理学本质上是一门实验科学，所有理论只是为了解释真实存在的物理现象，而实验才是检验理论真伪的可靠手段。

如同伽利略用斜塔落体实验来驳斥亚里士多德的观点，从而开启了经典物理学，而在莫雷实验中，人们没能如麦克斯韦预言的那样发现地球与以太海的相对运动，导致对以太存在的怀疑，推动现代物理学诞生。

只不过，如果一个理论看起来可以解释实验结果，却完全不符合以往的认知，那么这个解释的真伪就需要谨慎辨别，因为这意味着要推翻以往的认知。

这方面的例子在量子力学中有许多，量子力学将其解释为概率性与随机性，并将其与宏观世界的物理规律区别开来。

比如下面这个很著名的实验：单光子的双缝干涉。

单光子的双缝干涉实验

牛顿在其著作《光学》中把光描述为一种微粒，这种观点将惠更斯提出的光的波动说压制了一百多年。动摇了牛顿在光学中统治地位的是一个同样来自英国的科学家，托马斯·杨。

托马斯·杨本来是一个医学博士，但在读大学时他了解到历史上人们对光子认知的争论，为此他在 1801 年做了一个实验：

在暗室里放一根蜡烛，然后在厚纸板上扎了一个小孔，得到一束光。他让这束光照向另一张纸，而这张纸已经提前用针扎出了两个小孔，因此这束光在通过两个针孔以后变成两束光。

在这些准备完成以后，托马斯·杨到投影屏前检查最终结果。

如果光是粒子，那投影屏上显示的应该是两个光点。如果光是波动，因为这两束光来自同一个光源，所以它们是波长频率相同的相干光，按照波动说，这两束光波就应该发生干涉。

最终，托马斯·杨在投影屏上看到的是明暗相间的干涉图样。后来，他又以狭缝代替针孔进行了双缝实验，得到了更明亮的干涉条纹。

这个实验证明了光具有波动性。

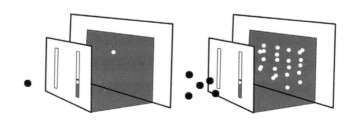

图 8-1 单光子的双缝干涉实验

说句题外话，现在我们能认识到这个实验的重要性，它让人类开始正确认识光的本质。但在当时，这个发现及其理论并没有受到应有的重视，还被权威们讥为"荒唐""不合逻辑"，也因此这个自牛顿以来物理光学上最重要的研究成果，被守旧的科学势力压制了近 20 年。

期间，托马斯·杨并没有向权威低头，而是为此撰写了一篇论文，可惜无处发表，只好印成小册子，名为《声和光的实验和探索纲要》，据说发行后"只卖出了一本"。杨在其中勇敢地反击：

> 尽管我仰慕牛顿的大名，但是我并不因此而认为他是万无一失的。我遗憾地看到，他也会弄错，而他的权威有时甚至可能阻碍科学的进步。

杨在物理光学领域的研究具有开拓意义，他第一个测量了 7 种光的波长，最先建立了三原色原理①。杨可以说是光学史上最重要的人物之一，但因为没有一个物理权威认可他的努力，他最终放弃了相关研究。

然而，争论还在持续。1818 年，菲涅尔向法国科学会提交了一篇论文，内容是对圆孔、圆板等形状的障碍物产生的衍射花纹做定量计算，他也是光的波动说的支持者。

负责评判论文的人中有一位微粒说的支持者，泊松。作为

---

① 指出一切色彩都可以从红、绿、蓝这三种原色中得到。

当时首屈一指的大数学家，泊松按照菲涅尔的论文计算了一遍。他指出，如果菲涅尔的理论是正确的，那当一束光照向一个圆盘时，在圆盘的阴影中心会出现一块亮斑，这太荒谬了。

泊松据此宣称自己驳倒了光的波动理论，但菲涅尔和阿拉果（另一位负责评判论文的人）坚持波动论的观点，要求通过实验来验证对错。实验结果精彩地证实了泊松的推论，影子中心的确出现了一个亮斑。该实验被后人称为泊松亮斑实验。

由此，光的波动学说在 1818 年以后终于重见天日，那时托马斯·杨已经在编撰大英百科全书、研究埃及文字、改善天文与航海了，哦，还有醉心于艺术和杂技。

回到正题。托马斯·杨 1801 年的实验被后人称为杨氏双缝干涉实验，它毫无疑问地证明了光具有波动性，但直到一百年后，这个实验才等到了让自己大放异彩的时刻。

普朗克在 1900 年提出能量子假说，爱因斯坦在 1905 年用具有波粒二象性的光量子假说，成功解释了困扰光的波动说已久的光电反应，从此，光变成一种量子化的存在。

按照爱因斯坦的观点，光束由许多光量子组成，每一个光量子都是一个不可分割的整体，这就意味着，我们不可以把一个光量子拆分成两个更小的光量子。可是，当一束光通过双缝实验仪器时，会发生什么？尤其是，如果这束光中一个单独的光子通过双缝时，会出现怎样的物理状况？它是从左侧通过还是从右侧通过？当它通过窄缝时，这个光量子是以粒子的形态还是以波动的形态？

为解答这些问题，杰弗里·泰勒爵士在 1909 年设计并完成了一个更精致的双缝实验。该实验将入射光束的强度大大降低，在任何时间间隔内，平均最多只有一个光子被发射出来。经过很长时间，在摄影胶片上累积了大量光子后，杰弗里·泰勒发现，仍旧会出现类似的干涉图样。这显然意味着，虽然每次只有一个光子通过狭缝，但这光子可以自己与自己互相干涉！就如同它可以同时通过两条狭缝。

后来，波粒二象性的说法被延伸到电子等粒子上。人们通过实验确认，无论电子、中子、原子，哪怕是分子，都可以表现出这种奇异的量子行为。

问题在于：

> 在单光子的双缝干涉实验中，不可分割的光量子到底是以哪种形态通过了哪条光路？

在双缝实验里，粒子抵达探测屏位置的概率分布具有高度的确定性，量子力学可以精确地预测粒子抵达探测屏任意位置的概率密度，可是无法预测在什么时刻、在探测屏的什么位置，会有一个粒子抵达。

虽然无论光子还是电子都可以完成这个实验，但大部分研究者都会选择用电子，因为电子束相对容易获得，也比光子更容易操纵。可当人们尝试在双缝背后添加仪器，来检查电子到底是从哪一条缝隙通过时，神奇的现象出现了：

在没有安装这个仪器以前，电子表现出确定无疑的波动性，但当人们通过仪器开始观测这个过程以后，电子的波动干涉就消失了，人们看到的不再是条纹形态的干涉结果，而是一条明确的线条——这说明电子是以粒子的形态穿过了缝隙。

在这一系列的实验中，为什么穿过双缝的粒子有时会表现出波动性，有时却会表现出粒子性？为什么人们只能观测到实验结果，却无法观测其中的过程？观测者的观测行为（包括人的意志）是否会对粒子的行为造成影响？这背后的物理机制是什么？

研究者围绕这些问题争论了很久，可以说，直到现在相关争议仍未平复。

实验结果是无可争议的（多次重复实验后得到的结果依然一致），但这一结果带来了极大的困惑，尤其受到冲击的是坚信决定论的传统科学家。

很多物理学者非常不愿意接受这种事实。尽管通过量子力学的手段可以正确预测实验最终的统计结果，但量子力学无法从宏观物理的角度解释，为什么一个不可分割的粒子似乎可以同时通过两条狭缝，然后自己与自己发生干涉。

爱因斯坦认为，由此说明量子力学并不完备，一个完备的理论必须对这些难题给出完美解释。但玻尔反驳说，这正好显示出量子力学的优点——不会用不恰当的经典概念来解释不符合以往认知的量子现象，如果必要，可以寻找与应用新的概念来解释这些难题。

虽说对双缝干涉实验的解释是现代物理学中的遗留难点，但在以太假说下，如果把粒子在落点位置上的波动性归因于以太海的波动，就很容易看出实验背后的物理机制。

被射向双缝的粒子并不是孤立的存在，它会从以太海中激发出以太，并与这些以太发生相互影响，从而造成以太海的波动，进而影响粒子的落点位置。

当粒子撞击到有双缝的纸板时，粒子会从中二选一直接①通过，而粒子激起的以太海波动会同时对两个缝隙位置上的以太海造成影响，使两个缝隙变成两个新的波动源。

这个过程与宏观世界的波动现象并无二致。

当粒子通过双缝之一后，以太海的波动会同时通过两条缝隙，并在纸板的背后形成干涉，而粒子仍然会被以太海的波动影响。因此，粒子的落点会显示出干涉条纹，显现出波动性，哪怕被射入仪器的仅仅只有一个粒子也是如此。

也就是说，粒子并不需要与自身发生干涉，发生干涉的是以太海的波动。但粒子会与波动中的以太海结合。

但是，如果我们在缝隙后添加了观测仪器并随时监控粒子的行为，这个仪器会对双缝附近的以太海造成影响。当粒子激发出的以太海波动撞击两个缝隙时，由于观测仪器的存在，产生的两个新的波动源不再是相干波，所以在成像屏上就不再能看到明显的干涉图像。

其实，以"物质以太"的观点看，物理学领域的多数疑问

① 决定光子或粒子双缝选择的，是到达缝隙时光子或粒子自身的以太状态，相关内容见下一节。

都是因波粒二象性观点的提出而埋下伏笔。

波粒二象性虽然能平息以往关于光的争论，却无法对光为什么同时具有粒子性与波动性做出解释。它可以解决以往的问题，但其实模糊了其背后的机理，将彻底解决问题的时间往后推移。而当德布罗意提出粒子也具有波粒二象性，并将粒子的波动性归因于粒子本身以后，这便成为整个量子力学体系都难以回答的疑难问题，哪怕量子力学的计算与预测可以与微观世界的物理现象准确对应。

可以看到，虽然用"物质以太"的观点解释双缝干涉实验的确毫不费力，但"物质以太"本身还是一种假设，无论"物质以太"的相关解释再自洽，绝大部分研究者还是希望能有实验明确证明以太的存在，以及以太海波动的存在。

这样的确会更圆满。

我们知道光子有波动性，现代物理学认为这是光子自身的特性。而在"物质以太"的观念下，光子的波动性源于以太海的波动。当光子于以太海中通行时，因为以太作用，以太海激发出的能量产生了波动性，并最终影响了光子的落点，正如现实世界中浪涛里小船的空间坐标看起来也具有波动性一样。

我们以往所谓的"光波"，其实是由以太元素构成的"光子"与以太海激发出的以太元素的结合体。

而影响必然是相互的，如果以太海中的以太元素能够被光子影响产生空间上的波动性，那光子中的以太元素也应当被以太海影响产生波动性。

通过诸如双缝干涉这类实验，我们可以观测以太海的波动[1]，但光子中以太元素的波动是怎么回事，它又与哪种物理现象相关？

现在，让我们深入光子与以太海的内部，从波动开始，讨论一些最细微的现象，并试着寻找关于"物质以太"的证明。

偏振光的随机性

在现代物理学的认知中，光子有三个特性：

1. 光子会对应一定的能量。
2. 光子具有特定的传播方向。
3. 光子具有偏振的特性。

根据波的振动方向，波可以分为横波和纵波。横波中，最容易理解的例子是用绳索上下振动所形成的机械波，最普遍的则是光波，或者电磁波。纵波的典型例子是声波。

偏振是横波的一种特征，即波的振动方向和波的传播方向垂直。光波可以看作电矢量的波动，而电矢量振动的方向与光的传播方向垂直，这种现象就叫光的偏振。

对于有明确偏振方向的横波而言，如果在波的振动方向上

———————————

[1] 现代物理学认为，光的波动性是光子本身的内蕴属性。

设置阻碍，波的前进就会受到影响，人们正是通过横波的这个特性来确定那些不容易观察的波究竟是横波还是纵波的。在 19 世纪初，科学家已经发现光具有偏振现象，并确定了光是一种横波。当然，那时的人普遍相信这是因为以太海的存在。

在"物质以太"的观念下，光子被看作由等量的正以太元素与负以太元素形成的组对结构，所以光子的偏振是指：在光子前行时，光子内的正以太元素与负以太元素在空间上的相对位置会持续发生变化，两者的距离也会发生周期性的转变。

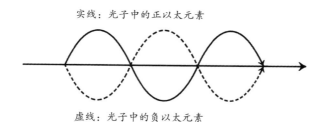

实线：光子中的正以太元素

虚线：光子中的负以太元素

图 8-2　光子的偏振

这个图与现代物理学中光波的电矢量图是匹配的，它描述了当光子前行时，其内正负以太元素空间位置的变化情况。但在以太假说下，我们尤其要注意：

1. 随着光子的前行，光子中正负以太元素之间的距离会发生周期性的改变，而这会影响光子的物理特性。

2. 光子与以太海中激发出的能量会相互影响。随着光子中正负以太元素之间的距离发生周期性的改变，以太海中被激发出的以太元素也会发生对应的位移。

因为现代物理学假设以太并不存在，所以当面对上述物理现象时，前者很难给出圆满的解释，只能引入随机性。

而根据"物质以太"的观点，一切仍然在决定论的范畴之内。在引入"物质以太"的相关假设以后，以往难于解释的现象都会得到解答。甚至，这种解答本身也可以看作对"物质以太"相关假设的佐证。

这两种观点的核心差别在于，对现代物理学而言，光子是一种单独的粒子，它自身便具有波动性；但在以太观念下，光子是由正负以太元素组成的复合结构，且是一种动态结构，其空间位置上的波动性要归因于以太海，后者同样是由正负以太元素形成的复合结构。

此外，在现代物理学的观念里，对于光子这种微观粒子而言，它天然具备随机性，但在物质以太的观念下，光波的前行是光子与以太海这两者之间明确发生的以太作用，我们可以如宏观物理一样去思考其物理过程，并对结果进行预测。

在上一节，我们提供了对单光子双缝干涉实验的以太解释，其关键在于以太海的波动。接下来要讨论的实验，其关键在于光子自身的波动，也就是光子内部正负以太元素距离的改变。

让我们详细进行阐述。

实验器材

偏振片。它能在光波的振动方向上设置阻碍，其特性是只允许特定偏振方向的光子通过。

实验步骤

首先，让一束自然光垂直照向偏振片。自然光由大量偏振方向不同的光子组成。这种操作的结果是，符合偏振片通过方向的光子会穿过偏振片，形成一束偏振光，其偏振方向与偏振片的验偏方向完全相同；另一部分不符合偏振片通过方向的光子，会被偏振片拦住。

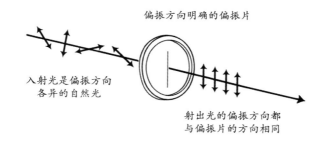

图 8-3　偏振片与偏振光

光的偏振不像绳索的偏振那样容易观测，人们无法直接观察光的形态，更难以对单独的一个光子进行观测，只能观察一束光通过偏振片前后的强度，并根据结果进行推测。

我们发现，对于上面这种偏振片而言，如果一束阳光垂直照向一个偏振片，假设这束光在通过偏振片前的能量（光强）是 $2E$，那么，通过偏振片后光线的能量只剩下一半，也就是光强降低了一半，变成 E，而这束光中每个光子的偏振方向都与偏振片中缝隙的方向相同，符合这个偏振片的验偏方向，或者说允偏方向。

现在，我们得到了一束偏振方向明确，光强也明确的偏振光。让我们在此基础上，再做三个实验。

实验 1

如果我们让这束偏振光再次通过一个跟之前放置方式一样的偏振片，即这两个偏振片允许通过的方向相同，那么，这束偏振光在通过第二个偏振片以后，光强不变，还是 E。

实验 2

如果我们 90° 旋转第二个偏振片，让它允许通过的方向与第一个偏振片垂直，我们会发现没有光能通过第二个偏振片。

实验 3

如果我们 45° 旋转第二个偏振片，会发现这一次有光通过。通过第二个偏振片前的光强是 E，而通过后的光强是 $E/2$。

目前所有介绍光偏振现象的书都会讲述上面这组实验，用来说明如下事实：

1. 太阳光，即光学中的自然光，其内众多光子的偏振方向各异，当它们通过验偏方向明确的偏振片时，只有一半的光子会通过。由此可以得出一个非常粗略的事实，即垂直于偏振片通过方向的光子都被拦下了。

2. 自然光在通过第一个偏振片后，会由偏振方向各不相同的光子群，变成统一的、偏振方向与偏振片验偏方向一致的光子群，即光学上说的偏振光，或者更准确一点，线偏振光。

3. 后面的 3 个实验，实验 1 表明：自然光通过第一个偏振片形成的线偏振光，其偏振方向的确很明确，所以其内任何光子都不会被第二个平行放置的偏振片阻拦。实验 2 表明：如果这束偏振光撞上了与自己偏振方向垂直的偏振片，则不会有任何光子穿过去。

4. 实验 1 和实验 2 都比较好理解，实验 3 比较令人费解。为什么当偏振光的振动方向与第二个偏振片成 45° 夹角时，会有刚好一半的光通过？更难以理解的是，为什么最终通过的光，光强虽然减少了一半，但光的颜色没有变化？

在光学的基础认知里，光的颜色、能量、频率三者是等价的。既然光子在通过偏振片后颜色不变，就说明每一个光子在通过倾斜放置的第二个偏振片以后，其能量并没有变化。

也就是说，当这束偏振方向相同的偏振光通过第二个偏振片以后，并不是每一个光子都减少了一半的能量，而是有一半数量的光子完整通过了第二个偏振片，另一半数量的光子则被完整地拦了下来。

这是为什么？对于这束偏振光中的单个光子来说，或者说如果这束偏振光中只包含一个光子，那它究竟会通过第二个偏振片，还是会被拦下来？是完全随机，还是有什么机制在影响这个光子能否通过？

对于宏观的光学现象，我们可以根据马吕斯定律 [1] 来计算偏振光通过有夹角的偏振片后光强的变化情况，而对于微观的一个光子，我们也可以计算它能否通过偏振片的概率。

总结一下：

1. 自然光通过偏振片成为偏振光时，会损失一半的光强。

2. 偏振光通过偏振片时，根据其振动方向与偏振片的夹角，只有一部分光子可以通过，而且，通过后其偏振方向会再次变化，变得与第二个偏振片的方向一致，但每一个通过了偏振片的光子的能量不会发生变化。

3. 对光子群来说，这个夹角会影响这束光中总光强能通过的比例。对单个光子来说，这个夹角会影响单个光子能否通过这个偏振片的概率。这两点都能通过光学中的马吕斯定律，用统计的方法算出具体数据。

在现代物理学的认知里，人们认为这束偏振光中的每一个光子都相同，因为它们具有相同的能量、前行方向、偏振方向，所以难以理解为什么有时候光子可以通过偏振片而有时候不能。从统计上看这的确符合随机性，但现代物理学无法给出更深入的解释，只能引入随机性来解释这个实验背后的微观机制。

_____

[1] 马吕斯定律表明，一束偏振光通过偏振片时，能够通过的光的比例与偏振光的振动方向和偏振片之间夹角的余弦平方有关。

而在"物质以太"的观念下，我们不再认为这束偏振光中的每一个光子都相同，因为光子内的以太元素会发生周期性的波动，正负以太元素之间的距离在随时变化。而当光子到达偏振片时，不同光子的相位状态不同，这便会导致不同的结果，有的光子能通过，有的却不能。

了解了以太观念下光子的动态结构，我们再来看用来筛选光子的偏振片。

偏振片可以看成由分子或者原子组成的筛网，或者我们采用金属光栅偏振器来思考会更容易一点，这种偏振器是由平行的金属丝构成的一个金属丝筛网。

我们知道金属结构中有许多自由电子，它们会因为彼此排斥而分布于金属结构的表面，所以金属结构的表面会带负电。这个金属丝筛网中的自由电子也是这样。根据以太观念，在非常靠近金属丝的空间中存在负电场，或者说负以太元素过多的以太海，它们会影响及中和附近空间中的正以太元素。

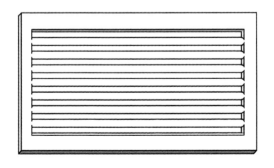

图 8-4　金属光栅偏振器

　　如图 8–4 所示，中空部分为缝隙，金属丝的表层都是电子。当然，电子具有负以太元素组成的电子外壳，并在其附近的以太海上制造了小小的负电场。

　　现在，让我们分别考虑上面三个实验中，偏振光通过以不同角度放置的偏振器上金属丝缝隙时的情况。

　　第一种是光子的偏振方向平行于偏振器上缝隙的方向，即实验 1 里的情况。

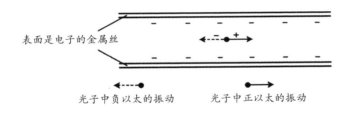

表面是电子的金属丝

光子中负以太的振动　　　　光子中正以太的振动

图 8–5　实验 1 中的光子偏振情况演示

　　如图 8–5 所示，光子的正以太部分同时受到两侧金属丝中电子的吸引，光子的负以太部分同时受到两侧金属丝中电子的排斥，无论光子的相位状态如何，其上下两方都受力均衡或者说以太均衡，所以，偏振方向与偏振片平行的光子都可以通过两个金属丝之间的缝隙。

　　第二种是光子的偏振方向垂直于偏振器上缝隙的方向，也就是实验 2 中的情况。

　　如图 8–6 所示，光子中的正以太部分会被上方金属丝中的电子吸引，负以太部分则会被下方金属丝中的电子排斥，这两者都会让光子向上方移动。无论光子的状态如何，只要其偏振方向垂直于偏振片的方向，最后都会导致光子撞上自身正以太方向上的金属丝，光子无法通过。

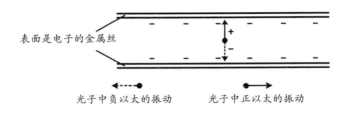

图 8-6　实验 2 中的光子偏振情况演示

第三种是最复杂的情况，光子的偏振方向与偏振器上缝隙的方向成一定的角度，比如说角度为 θ，如下图所示。

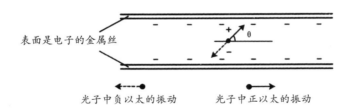

图 8-7　实验 3 中的光子偏振情况演示

分析光子中的负以太部分，我们可以确认它至少受到如下两种力的影响：

　　1. 光子内正以太部分对其的吸引力 F，方向斜下指向光子的中心；

　　2. 靠近的金属丝对其的吸引力 F'，方向垂直向下。

我们可以简单地认为，如果 $F'>F\sin\theta$，则在光穿过偏振片那个瞬间，光子中的负以太部分会被离其最近的金属丝中的电子吸走，连带着整个光子撞击到偏振器的金属丝上。

以上是单个光子与金属光栅偏振器之间的以太作用过程。从中可以看到，微观世界里光子内部的以太元素波动是如何影响单个光子参与物理反应结果的。

感兴趣的读者可对此进行更细致的计算，我们希望借此说明，在现代物理学中，唯有引入随机性才能得到解释的偏振光随机实验，在"物质以太"观念下不但可以得到很好的解释，而且这个过程与宏观物理现象依然并无二致。而在引入随机性之后，我们只能承认我们无法知晓微观世界的细节，但在"物质以太"模型下，这其中的规律却是非常明确的。

如果以太假说成立，那么"物质以太"模型将告诉我们，无论光子还是偏振片上的粒子都由统一的正负以太元素所构架，该模型还弥补了以往研究工作所缺失的对光子本身相位的研究，从而将对实验的解释又拉回决定论的范畴之内。

我们还知道，当偏振光与偏振片的夹角是 45° 时，刚好有一半的偏振光可以通过。我们甚至可以根据马吕斯定律这个经验公式，更细致地研究相关现象，比如反向研究光子相位变化对其内部正负以太元素之间吸引力的影响，研究光子正负以太元素的距离、光子携带的能量与它们之间吸引力的关系。

可以说，虽然以太无法观测，但我们可以通过这类研究来探索以太内部最细微的物理学规律，由随机回归决定论，从而证实以太这种物质的存在。

以上便是"光子偏振随机"这个光学疑难现象背后的以太机制。不过，我们还是无法提前预测单个光子通过偏振片的结果，因为任何观察操作都会影响光子内部的相位状态。我们是否能制备相位确定的光子？这还需要光学专业的研究者继续跟进。

这节的内容可以看作对光子偏振随机现象的解释，也可以看作对光子以太结构的实验证实。

重复一下其中的要点：

1. 当光子进入以太海后，无论光子还是以太海都会出现周期性的波动。

2. 光子的波动影响的是光子的物理性质。在这个实验中，即光子是否会被阻拦。

3. 以太海的波动影响的是光子成像的位置。

折射还是反射？

在"物质以太"观念下，光子的相位状态，或者说光子中正负以太元素之间的距离，会改变光子的物理性质。

在前面的实验中，我们强调，光子中正负以太元素之间的相位状态，影响了一个偏振光子能否通过倾斜放置的偏振片。实际上，我们还可以举出一个更常见的例子，说明光子的以太相位同样会改变光子本身的物理性质。

生活中有一个常见的现象：夜晚，如果我们在开着灯的房间里望向室内的玻璃窗，会看到自己的影子，这时玻璃窗会起到镜子的作用；而室外的人也可以透过玻璃窗看到室内的情况，这时玻璃窗起到的是半透镜的作用。

也就是说，射向窗户的光子，一部分被玻璃窗反射，另一部分通过玻璃窗并最终射出屋子。这对应着光的反射与折射[①]属性。

和上一节中偏振光通过验偏方向不同的偏振片时出现的随机性一样，奇怪的"量子随机"现象又来了，那么，究竟是哪些光子在玻璃窗上发生了反射，又是哪些光子发生了折射？

在极端情况下，如果只有一个光子，这个光子会被玻璃窗反射还是折射？影响这个光子是反射还是折射的机制是什么？也就是说，这是规则明确的物理行为，还是由随机性决定？

光子为什么会被反射？这不是一个能够简单回答的问题，因为不同的背景知识会引出不同的回答。如果将这个问题细化到极微观的地步，即光子与原子、分子级别上，人们的普遍认知是原子、分子外的电子吸收了光子的能量，然后电子又将这些能量以光子的形式释放出来。

人们对折射的认知是这样：以玻璃窗为例，分析玻璃的分子结构后我们发现，玻璃中所有的电子因被分子键束缚住而不够活跃，因此，外界射过来的光子并不容易与玻璃内的电子发

---

① 在物理实验中，相应的器材叫分光镜或半透镜（用玻璃片制作的光学透镜），它可以让一束光分成两束，其中一束被分光镜反射，另一束则发生折射。

生作用，光波得以穿过，并使玻璃窗呈现透明状态。

需要注意的是，虽然电子不够自由，但电子仍然在原子核的外层，所以玻璃外围仍然存在微弱的负电场，在以太观念下即负以太元素活跃一些的以太海。

以往我们可以根据斯涅尔定律来研究光的折射和反射，并确定一束光中折射部分与反射部分的比例，它与入射光的偏振态、入射角、界面两侧介质的折射率这三者相关。但如果我们讨论的不是一束光而是一个光子，就只能用概率来判断这个光子是反射还是折射了。正如量子力学的常见诠释，随机性是微观世界的本质。

而在以太模型下，了解了光子内部正负以太元素的运动行为以后，我们可以不再依赖概率波来诠释这个光学随机现象，而是可以根据光子内部正负以太元素的离散程度，明确判断一个给定的光子将会被反射还是被折射。

- 如果在撞击的瞬间，光子内的正负以太元素处于完全分离的"分离态"，其中的正以太元素会更容易与玻璃中的电子发生反应，这时的光子更容易被玻璃中的电子所吸收，然后再被释放，形成反射。
- 如果在撞击的瞬间，光子内的正负以太元素处于完全聚合的"聚合态"，既不体现正以太的特性又不体现负以太的特性，这个状态下的光子就很难与其他粒子发生反应，最终使得它能够穿过玻璃，形成折射。
- 如果在撞击的瞬间，光子内的正负以太元素介于完全分离与完全聚合之间，就要根据其入射角度、偏振方向、光子自身能量的大小、玻璃表面的电场强度（界面两侧介质的折射率或介电常数）等来确认这个光子能否突破玻璃表面的电场，最终形成反射还是折射[1]。

因此，在以太观念下，光的"反射折射随机"现象的根源在于光子内正负以太元素相位状态（离散状态）的变化。随着光子的相位变化不同，对外体现出的正负以太元素的强度也不同，以至于有时光子不可以穿过玻璃表面而被反射，有时又能穿过形成折射，最终体现出来的就是反射折射的随机性。

虽然侧重点不同，但偏振光的随机性与折射反射的随机性都来源于光子内部正负以太元素之间的相位状态，这会影响光子对外表现出的物理性质——完全聚合时光子对外的作用最小，完全分散时光子容易与外界发生物理作用，这是由光子的以太结构与以太本身的物理特性决定的。

所有这些行为都可以被经典物理所描述，而不是出于无法解释的随机作用。由此可见，如果以太假说成立，我们其实并不需要为微观物理世界专门设计一套由随机性主导的规则。

更重要的是，我们知道，以太在一百年前被"抛弃"并不是因为被证伪，而是因为它的"冗余"，当时的物理研究者认为不需要以太就能解释所有物理现象。但对于前文中的三个光学实验来说，如果不假设"物质以太"的存在，我们似乎没有办

---

[1] 在电磁学中，人们通常借助斯涅尔定律来研究这类现象。

法在决定论的范畴内给出合理解释，只好引入随机性。在量子力学的随机性诠释下，这些现象的确可以被解释，引入随机性必然引入"不可知论"，但如果考虑"物质以太"的可能性，这一切其实是确定的，也是可知的。

所以，以太真的是一种"冗余"的概念么？

接下来我们要讨论量子论中一个著名的疑难问题，我们将看到隐藏其中的独属于以太海的物理行为，这是以往不曾被人发现的物理机制，而这可以被视为以太海存在的强证明。

空间中的波动

历史上从没有人真正对以太海进行过研究，但人们研究过以太海的不同状态，比如电磁场，还有引力场。

先回想一下，之前我们如何证明电荷会在真空中产生电场？

很显然，我们无法直接对空间进行观察。如果只是盯着一个电荷附近的空间，得不出任何结论。我们必须再将一个带电的粒子放入这片空间，通过对它的观测，看它的运动状态是否会发生改变，以此来判断电磁场的存在及其特性，进而再去寻找这片电磁场产生的原因。

对引力场的证明同样如此。

那么，我们该如何证明以太海的存在？

同理，直接观察空间是不靠谱的，我们只能通过观察以太海中的粒子和光子，观察它们对以太海的影响，以及以太海对它们的影响，来验证这一点。

在前文中，我们讨论过光子与以太海发生的反应，也讨论过粒子与以太海发生的反应，其实据此已经可以推测出以太海在以太观念中的重要性，因为如果以太海并不存在，那光子就不会再发生移动与振动，粒子也不可能存在。粒子的存在如同以太海中的肥皂泡，是粒子球壳上的单种以太与内外以太元素发生动态平衡的结果。

可以说，维持光子的运动与粒子的存在，这便是以太海最基础的"场作用"。

但这个描述的说服力还不够，因为现代物理学一百多年以来的发展早已"抛弃"了以太观念，人们也找到了脱离以太对这些现象进行解释的方法，而这些解释在逻辑上也是自洽的，所以我们还需要寻找其他具有决定性的证据。

质子—内部光子环形转动模型是一个强有力的证据，因为它由实验测量数据所支撑，可以与相对论效应完全佐证。

此外，我们还能举出另一个强有力的直接例证，通过实验确认以太海的存在：

> 人为控制光子去影响以太海，然后形成单纯的以太海波动，最后再让以太海的波动反过来影响光子。

到此为止，我们对以太的描述已非常细微具体。比如，我们知道光子和以太海都是由正负以太元素组对形成的结构，知道光子和以太海中的以太元素会发生相互影响，并各自产生相位上的变化。就如同当一艘船在水中行驶时，水面会因为船的通过而产生波纹，而船也会因为水的波纹上下起伏。

当我们通过某种手段，比如用起重机将船搬离水面，这时会看到，虽然船不再从水面激发出新的波纹，但已经激发出的波纹仍然会通过水面向前传递。

回到光子与以太海的反应。当光子在以太海中前行时，以太海会不断释放能量与其发生反应，形成波动。但如果这个光子突然消失，以太海是否还应该继续传递这种波动？我们又该怎样去检验这种波动的存在？

从"物质以太"的模型可以判断，这种波动应该是存在的。因为以太海的波动本身是其内正负以太元素之间距离的周期性改变，而正负以太元素会相互影响，虽然最初的以太海波动是由外来光子引起，但即使外来光子消失，以太海中正负以太元素的相位状态仍应当一层一层地继续向远方传递，这与形成电场的机制类似。

但如果只有以太海的波动而没有光子的偕同，这种波动难以观测。因为造成以太海波动的光子被剥离，单纯以太海的波动不传递能量，只能传递以太海的相位信息，所以我们不能将其直接照向投影屏幕以观察其落点，也不能将其照射向某个粒子以观察粒子物理行为的改变，我们只能通过别的方式来证明其存在。

这种不传递能量，只传递以太海相位变化的以太海波动现象，与"光波"对应，或可称其为"暗波"。这正是一种在现代物理学研究中不曾出现的物理现象。

在以太假说下，光波可被视为光子与暗波这两种以太结构的结合。

下面，我们将通过暗波的机制，来证明以太海的存在。

首先需要获得一束暗波，办法是借助上一节中的折射反射随机实验。

我们把一个光子射向一片半透镜，这个光子可能被反射，也可能被折射。在以太观念的认知下，这取决于这个光子在撞击半透镜表面时的相位状态。

也就是说，在光子撞击作为半透镜的玻璃板后，会有两条可能的光路，即折射光路与反射光路。

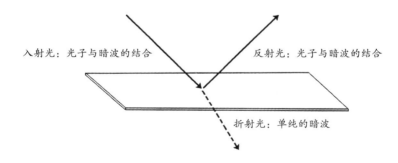

图 8-8　光子的折射与反射

我们可以将这个过程看成，当光子撞击玻璃板时，撞击点的以太海发生了振动，而且，因为撞击点两边的以太海状态不同[①]，使得在撞击点两边同时发生了不同的以太海振动。

————————

① 在现代物理学中与其对应的是折射率不同或者介电常数不同。

光子自身的相位状态决定了它是被反射还是折射，但无论光子最终的光路如何，在另一条没有光子通过的光路上，以太海仍可能以暗波的形式将振动传递下去。

在以太假说下，当一个光子撞击玻璃板时，只要知道光子的去向，也就是正常光波的光路，那另一条光路上就应该出现暗波，这个半透镜将原来的单一光子拆分为一份光波与一份暗波。接下来的问题是：该怎样证明暗波的存在？

波动现象的最主要特征——干涉，给我们提供了解题的思路。

具体而言，就是想办法让被半透镜分开的光波与暗波再次汇合于一点，观察"理论上应该存在"的暗波是否会对光波的行为造成影响。因为暗波源自光子在以太海中造成的振动，所以光波与暗波是以太海的相干波，在交汇时一定会发生波的干涉。

而如果我们想证明暗波的存在，可以借助一个现成的大名鼎鼎的光学实验——延迟选择实验。

延迟选择实验是由爱因斯坦的同事约翰·惠勒提出的。1979 年，为纪念爱因斯坦 100 周年诞辰，人们在普林斯顿召开了一场讨论会，会上惠勒提出了延迟选择实验的构想。对电子的双缝干涉进行进一步思考后，惠勒认为，我们可以"延迟"电子的决定，使得它在已经实际通过了双缝屏幕之后，再来选择究竟是通过一条缝还是两条。这种说法震惊了当时的学术界[1]。

---

[1] 有趣的是，狄拉克也是在这次会议中表达了一些有关以太的正面观点，却无人理会。显然，当时以太这种观点已经被新生的体系压制得暗淡无光。

在最初的构想提出 5 年以后，几个科研小组真的做了这样的实验：采用光子替代电子，用半透镜与反光镜替代双缝仪器来产生粒子性的光子或波动性的光子。

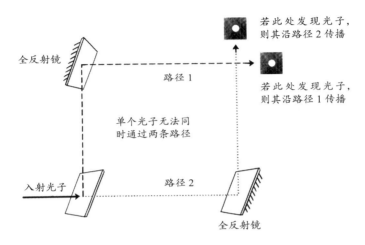

图 8-9-1　延迟选择实验 1

如图所示，一个单独的光子从左下方被水平射入仪器，在撞击左下方的半透镜（分光镜）时发生了反射折射随机，光子要么进入折射光路，穿过半透镜并被右下方的反射镜向上反射；要么进入反射光路，被反射向上方并再次被左上方的反射镜反射。

如果我们不在终点位置（即反射光路与折射光路的最终交汇点）放置半透镜，参见图 8-9-1，那么光子会沿着折射光路或反射光路，随机在两个不同的显示屏上打出两个明确的光点。这就证明光子传播时具有粒子性，即直线传播，同时也说明单个光子无法同时沿着两条光路前行。如果我们多次重复实验，会发现光子的落点除了随机出现在上述两个明确的位置外，没有第三种可能。

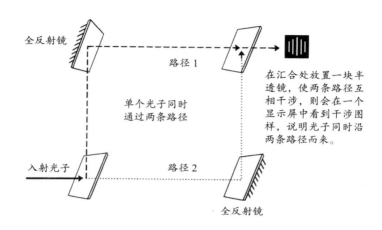

图 8-9-2　延迟选择实验 2

而如果我们在终点位置放置一片半透镜，参见图 8-9-2，虽然射入仪器的是一个单独的光子，但最终在显示屏上我们却观察到光子的落点发生了变化。在增加单光子的射入次数以后，我们会发现在显示屏上呈现出明确的光学衍射图像。这证明在这个过程中光子是波动传播，而且哪怕一个光子也能形成光学干涉现象。

如果不考虑以太，仅仅依靠波粒二象性的观点，延迟选择实验几乎无法获得完备解释。或者说，量子力学有很多不周的诠释，的确有一些诠释可以对其做出解释，但没有一种解释完备到被所有人认可，哪怕是量子论的研究者。

比如说，如果我们在终点位置放置半透镜，就会得到光的干涉图像，这说明单个光子是以"波动"的形态进入仪器，而且能同时通过两个光路，并且在终点自身与自身发生干涉现象。但这与光量子不可拆分的认知相冲突。

上面的思路其实还有些贴近经典物理的思维方式。也有人提出用更"量子力学"的概率波进行解释：光子有一定概率从一条光路通行，也有一定概率从另一条光路通行，而它们分别通过了两条光路，并可以在终点发生干涉（如果在终点处放置了半透镜）。

这种理解将原本具有概率性的概率波，看作必然可以发生物理反应的实体，但也延续了在量子力学中微观世界与宏观世界的物理规则几乎完全不同的思路。

通过这个实验可以清楚地看到，爱因斯坦关于量子力学不完备的观点的确是正确的，但当时量子力学已经建立了 70 年，而以太观念又被全盘舍弃，量子力学在应用上的正确性无可争议，所以，反正"从来没有人能真正理解量子力学"，连量子论的创立者都如此表示，也就没有人在这里死磕细节了。

但在"物质以太"的观念下，这个实验可以被我们用作一个证明暗波与以太海存在的关键性实验，看似扑朔迷离的现象解释起来并不难：

被射入的这个光子被分光镜分为一份携带能量的光波和一份不携带能量的暗波，它们分别通过了两条光路，且在经过一系列反射以后，光波和暗波到达同一个位置。

如果这个位置点上空无一物，则这两个波会相互穿过，不会发生任何反应，就如同两道普通的光在某一空间点上交错一样。

而如果这个位置点上有一片玻璃，就会发生以太海波动的干涉，并影响光子在显示屏上的最终落点，形成光学干涉的图像。

这的确是单光子形成的光学干涉，这个过程中也的确仅有一个光子，但关键在于，这两条光路上都存在以太海的波动，而光学干涉现象正是由以太海的波动形成的。实验结果并不是单光子与自身形成了光学干涉，而是单光子形成的光波与暗波发生了干涉，至于是否在光子射入仪器后调整终点位置上的那片半透镜，不会影响上述过程。

综上，在以太观念与暗波模型的支持下，以上四个光学现象都可以得到圆满而且简单的解答。

偏振光的随机性与折射反射时的随机性，这两个实验的结果由光子自身的相位变化决定，光子的相位状态会影响其对外的物理反应。我们用属于光子的动态特征来对这两个实验做出解释，并说明光子的以太结构。

而在单光子的双缝干涉实验与延迟选择实验中，我们要关注的是以太海的波动。对于前者，以太海的波动穿过了双缝形成干涉[①]，而对于后者，不包含能量的暗波是验证

———————

① 当光子到达双缝时，光子会选择靠近其正以太元素部分的缝隙穿过。

以太的重中之重。这些都是以太海的细节信息，可视为以太海存在的证明。

对于量子力学来说，波粒二象性这种提法与这类充满随机性的光学实验，可谓一切混乱的根源 [1]。

正如爱因斯坦与玻尔的争论，这到底说明了量子力学的不完备，还是量子力学的微观细节不可知，本来就扑朔迷离呢？

现在，有了质子—内部光子环形转动模型，有了暗波，也有了前文中所涉及各种物理现象的以太解释，这些都可以作为"物质以太"存在的证明，让一切回归确定，回归可知。

一边是想要为自己正名的"物质以太"观念，一边是难以理解其过程的量子力学解释，我们该怎样选择？

评判的重要砝码还有几个，比如万有引力。实际上，在得出质子—内部光子环形转动模型与暗波以后，万有引力已不再是一个难题。

---

[1] 其实这样的实验人们设计了许多，比如类似的量子擦除实验，甚至如果更进一步，我们也可以对 EPR 实验进行若干修正，调整这个实验的设计思路，也许会得出与以往不同的结果。

第九章
万有引力从哪里来?

科学界普遍认为宇宙中有四种力。

其中,强作用力与弱作用力只在研究微观物理时才会涉及,而我们大多数人在日常生活中能感受与应用的则是电磁力与万有引力。

前面我们介绍了电磁力的产生机制,这一章我们来看看困扰科学界多年的万有引力到底是怎么回事。

四种力能否统一?

牛顿在 1687 年就发表了万有引力的计算公式,但他只是确认了质量物体与质量物体之间会存在相互吸引的引力,然后通过微积分得出可以对其计算的公式。或者说,牛顿给出了一个质量分布与周围空间中引力场强度之间的数学关系式,但并没有说明这种力来自何处。

但在爱因斯坦看来,引力并不是力,而是时空的变化,这也是广义相对论对万有引力的解释。

简单地说，狭义相对论研究的是速度对四维时空结构的影响，广义相对论研究的是质量对四维时空结构的影响。在爱因斯坦看来，质量也会导致四维时空发生弯曲，引力场正是弯曲了的时空，而引力场中的物质会顺着弯曲了的空间移动。

正如他的同事惠勒所总结的：

质量告诉时空如何弯曲，而时空告诉质量如何移动。

虽然牛顿与爱因斯坦的思路不同，但在数学计算上，两者对物体轨道运动的预测结果相差很小。比如要计算苹果落地的时间或者对月球公转作相关推算，无论采用哪一个理论都可以，误差可以忽略不计。但在特定情况下，比如有名的水星进动问题，广义相对论可以计算出比牛顿引力论更精确的结果，而且还能推导出黑洞这种奇特的天体。

可以说，广义相对论是描述宏观世界时预言精度最高的引力理论。虽然也有精度相当高的其他理论，但广义相对论是最简洁的。

然而，爱因斯坦在万有引力研究上的成功，却将他引领向一个更艰难的科研方向。

早在 20 世纪 20 年代，爱因斯坦就致力于寻找一种统一的理论来解释所有相互作用，也可以说是解释一切物理现象，因为他认为自然科学中"统一"是一个最基本的法则。甚至可以说在爱因斯坦的哲学中，"统一"的概念根深蒂固，他深信"自然界应当满足简单性原则"。

提出广义相对论后不久，爱因斯坦就着手研究"大统一理论"，试图将当时已发现的四种相互作用统一到一个理论框架下，从而找到这四种相互作用产生的根源。这项工作一直持续到他 1955 年逝世，几乎耗尽了他后半生的全部精力。

当然，爱因斯坦的研究方向是以自己相对论的方向为基础，即广义相对论与四维时空结构。

等到 20 世纪 60 年代，格拉肖、温柏格、萨拉姆三位科学家提出弱电统一理论，把弱相互作用和电磁相互作用统一起来。这种统一理论可以分别解释弱相互作用和电磁相互作用的各种现象，并预言了几种新的粒子，他们因此荣获 1979 年诺贝尔物理学奖。

但与爱因斯坦的研究思路不同，这三位科学家尝试的是粒子标准模型的方向，更偏向量子力学。他们认为两个电荷粒子之间之所以产生电磁力，是因为它们会持续不断地互相交换（投掷）虚光子（一种不可观测的光子）；正是这种微观粒子的交互作用，产生了电磁力与弱作用力。

也就是说，量子力学通过对光子的量子化，将电磁力与弱作用力统一起来。这个思路既符合数学上的计算，也与实验现实吻合，美中不足的仅仅是需要引入一种无法被观测到的虚光子，但后者可以被其理论解释。

在提出弱电统一理论 10 年后，萨拉姆又与另一位美国科学家帕提在这个思路基础上引入夸克概念，进一步提出了能统一强、弱、电磁三种作用的大统一理论。这个理论大体上可以解释一些物理现象，缺陷在于该理论会推导出一个结论，那就是质子会衰变，这与实验结果矛盾。

但不论如何，强、弱、电磁三种作用力终于可以用一种统一的数学方式进行描述。至此，人们希望找到办法把万有引力也吸纳进来，形成四种力在描述上的完全统一。

用粒子来解释场作用，这便是粒子标准模型的思路。相应的，如果存在一种能实现引力功能的粒子，那万有引力就可以与其他三种力实现形式上的统一。这种被需要的粒子就是"引力子"，量子力学需要引力子的存在，以符合相关假设。

现在我们已经知道"引力波"是存在的，那么根据量子力学波粒二象性的基本观点，也必然存在与引力波相对应的引力子。

然而，迄今为止，引力子还没有被发现。

综上所述，无论广义相对论还是量子力学，为了解释万有引力的本质，人们做了许多猜测[1]。

很快我们会介绍在"物质以太"观念下对万有引力的认知、万有引力场的产生机制，以及为什么粒子会在其中感受到万有引力，这也是本章的重点。

但在那之前，我们需要了解广义相对论的一些相关内容，以及以太观念下的广义相对论。

---

[1] 历史上，还有其他理论试图对引力进行解释，比如有名的弦论，在此我们就不过多探讨了。

光速真的不变吗？

等效原理是广义相对论的第一个基本原理，爱因斯坦在1911年就注意到这个规律。

和这个规律相关的是一个有名的思想实验：爱因斯坦电梯实验。

假设宇宙中有一个封闭的电梯，里面的人看不到外面的情况。

如果这个电梯在远离地球的外太空以 $9.8m/s^2$ 的加速度向上移动，电梯里的人会感觉自己的身体被压在电梯的地板上，也会感受到自己与地板之间的力，但无法判断自己感受到的力是来自电梯在外太空中的加速度，还是来自地球的重力。

如果这个电梯回到地球表面附近，但突然间缆绳断裂，电梯呈自由落体状掉向地面，那么在这个瞬间，电梯中的人同样无法判断自己是由于身在外太空失重，还是由于受到地球的引力坠落而失重。

爱因斯坦意识到，从某种角度而言，受力加速的状态与人在地面上感受到重力（也就是万有引力）的状态是等效的。基于这条原理，爱因斯坦推导出广义相对论的内容，也就是引力场对惯性系的影响。

如果用物理语言简单描述广义相对论，就是：

　　有质量的物体会弯曲其所在的四维时空结构，让其中的时间维度膨胀（时间流逝变慢），空间维度也膨胀（长度增加），但在这个时空结构内部的观测者看来，光速恒定不变。

　　但是，由于这个引力场对应的四维时空结构内的时间流逝速度变慢，也就意味着，如果某个观测者距离这个引力场很远，他将观测到光在通过该引力场时会用更多的时间。

　　后来，这个猜测被人以实验证实，也就是 1964 年夏皮罗提出的雷达回波延迟实验：利用雷达发射一束电磁波脉冲，经其他行星反射回地球被接收。当其来回路径远离太阳时，太阳的影响可忽略不计；当来回路径经过太阳近旁，太阳引力场的存在导致传播时间变长。

　　当然，这是在相对论的相对时空观中的理解，如果是在牛顿的绝对时空观下，我们的描述会更简单，那就是：光在引力场中传播的速度变慢了。

引力场与广义相对论

　　现在，让我们回到"物质以太"的观念下。按照波动理论，光波的速度由其介质决定，更确切地说，介质的密度越低，波动的速度越慢。

那么,"光速在引力场中变慢"也可被描述为"引力场中以太海的密度降低"。

所以,摆在我们面前的问题变成了:

- 以太海的密度可能会降低么?
- 怎样的机制可以降低以太海的密度?
- 为什么在天体附近会出现以太海的低密度区?

准确地说,在以太假说下,有两种以太机制可以让以太海的密度降低。

第一种很明显,空间中以太海内的以太元素确确实实减少了,就如同一个封闭房屋内的气体被抽了出去。这种行为会导致宇宙中出现人们以往所言的"暗物质"与"暗能量",这两个现象及其成因我们放在后文讨论。

第二种则特殊一些,空间中以太海内的以太元素总量并没有发生变化,但因为种种原因,一部分以太元素处于暂时不可用状态,不再参与其他物理现象的反应,那么,以太海中"可用"的以太元素就减少了,因此,以太海的密度"暂时"降低了。

就如同计算机本来有 100 个线程,但现在有 50 个线程已经被占用,那计算机表现出来的计算能力就会降低一半。

可以说,前者是以太海密度的"绝对"降低,后者只是以太海密度的"相对"降低。

现在,我们先讨论第二种情况,也就是以太海的"可用"

密度降低的情况，即万有引力场所对应的情况。

前文我们描述了电场。以正电场举例，因为正电荷粒子的存在，导致空间（以太海）中的负以太元素被中和，正以太元素被激活，使得以太海中呈现出正以太元素的特性也就是正电场，但这个过程中并没有发生以太元素位置的改变，而只是"活性"的改变。

现在我们要考虑的同样如此。以太海中以太的总数并不发生变化，但因为一部分以太元素被一些因素"激活"，导致对于穿行其中的光子或者粒子而言，以太海的可用密度降低了。

在第五章我们讨论过，光子与运动的粒子是如何从以太海中激发出一份一份能量的。很显然，光子和粒子都会导致以太海中的以太元素被临时占用，这必然会导致以太海中可用能量总数的降低。但光子和运动的粒子能起到的作用有限，对以太海可用密度影响最大的，是质量粒子形成的暗波，即上一章中我们用来证明以太海存在的机制。

暗波机制与粒子—光子模型，这两个以太机制可以完美解释与万有引力相关的一切。

在研究光子的折射反射随机现象时，我们说光子会在折射光路与反射光路中选择一条前行，但在另一条光路上会有暗波，即以太海波动的传递。其实这也意味着，在暗波传递的过程中，以太海中的能量会被短暂地"占用"。

在光子的折射反射随机现象中，光子的光路确实是随机的，但如果我们有办法让光子永远被反射，那就意味着在折射光路上会得到稳定的暗波，而这正是在粒子—光子模型中时刻发生的以太现象。

以质子—内部光子环形转动模型举例。质子内的光子时刻保持两个动作：一个是光子被质子的正以太球壳反射，光子的转动永不停息；一个是光子内正负以太元素之间的振动同样一直会持续，相应的，它也会向外持续不断地传递暗波。

这些暗波会沿着光子环所在平面的方向去影响以太海中的可用以太，而随着质子内光子环转动方向的变化，最终，粒子周围三维空间中的以太海都会被其质子内部能量形成的暗波所影响。

电子也是这样。电子中的光子以垂直方向撞击电子的负以太球壳，然后光子被反射，暗波被传递出去。

或者说，所有的电荷粒子，所有由电荷粒子形成的宏观物体都会如此形成影响以太海的暗波。

这些暗波会临时性"占用"以太海中的以太，造成以太海可用密度的暂时性降低。当然，由于电荷粒子内的光子始终在周期性地运动，暗波的产生也源源不断，所以虽然以太海中以太元素的总量不变，但因为质量物体的存在，以太海中可用的以太还是减少了。

那么自然，物体的质量越大（粒子内的能量越大或者说组成物体的电荷粒子数量越多），其周围以太海受到的影响就越大；而与质量物体的距离越远，暗波的影响力也越小。因为质子内每一个光子环都是在一个二维平面内运动，而光波与暗波在以太海中是直线传播，所以暗波对以太海可用密度的影响与距离成反比。

因此，在质量粒子附近，以太海的可用密度会降低。按照波动理论，以太海密度降低会导致光速降低。甚至，在考虑了质量天体（粒子）附近以太海密度的变化以后，我们还能得出光波会在质量天体（粒子）附近偏转的结论。

以上都是可以用波动学说解释的内容，与已知的引力场特征完全契合。

我们可以看到，在相对论体系中，爱因斯坦认为质量会扭曲时空，形成引力场，其中的时间会减慢，光线会扭曲。

在以太假说下，粒子—光子模型与暗波模型也可以描述质量粒子附近由于以太海可用密度的改变，导致光速减慢、光线扭曲。

如果代入前文中的光子钟模型，我们会发现，当光速减慢时，对时间的记录必定会同样减慢，也因此必然会出现与时间效应类似的情况。

与此类似，如果一束光在引力场中的折返时间延长，对于坚持光速恒定不变的相对时空观来说，这也等效于空间在膨胀。

可以说，广义相对论中质量对四维时空的影响的观点，与以太观念下质量影响以太海密度这两者在数学模型上是完全等效的，典型的引力场可被看作以太海密度随距离发生改变的空间。它们之间的差别是物质假设上的差别，是对时间与空间的定义，相对论认为改变的是时空，而以太假说认为是以太海的密度发生了变化。

甚至我们可以这样总结，在以太观念下：

　　狭义相对论描述的是，当物体获得速度以后，由于其内粒子中光子的相对速度降低而出现的一切物理变化。

　　广义相对论描述的是，当以太海的密度降低以后，由于光子在空间中的绝对速度降低而出现的一切物理变化。

　　在狭义相对论中，当物体获得速度以后，由于它时间计量的减慢与空间长度的变化，再加上我们只能通过双程光测速的方式测量光速，所以无论惯性系在空间中运动的速度是多少，惯性系内的观测者测量到的光速恒定为 c。

　　而在广义相对论中，当物体陷入引力场，也就是处于一个以太海密度随距离变化的环境下，由于光速在空间中移动速度的降低，以及对时间记录的相应减慢，无论惯性系所在的以太海密度有多低，惯性系内测量到的光速仍然恒定为 c。

　　这也是无论我们处于地球的什么位置（无论赤道还是极点，高山还是深洞），都测量到光速恒定的原因。

　　这也是相对论"光速不变原理"的本质原因。

　　需要强调一下，以太海密度"随距离改变"的空间不能等效于以太海密度"较低"的空间，前者与引力场等效，最终形成万有引力；而后者可以被看作一个"时间陷阱"，因为以太海的密度变低，光速在其中也会减慢，并导致了时间流逝的速度减慢。

　　一颗大质量的天体能同时形成以上两种情况，但这是两种不同的物理机制，只不过，以往的广义相对论把两者混淆在了一起。

万有引力的本质

我们通过粒子—光子模型与暗波模型推导出引力场的产生机制，再考虑到以太海密度对光速的影响，以及粒子与光子的以太结构，我们现在就可以在"物质以太"的观念下对万有引力做出解释。

现在，让我们想象空间中出现了一个有质量的粒子，或者一个大质量天体，那这个天体附近以太海的密度就不再均匀，距离天体越近的空间位置上，以太海的可用密度越低，光速也越低。

然后，我们想象一个光子从天体下方掠过这个天体附近的空间。

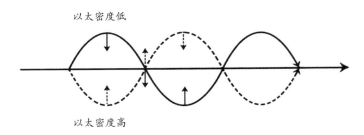

以太密度低

以太密度高

图 9-1　光子振动与以太海密度的关系示意图

在以太观念下，光子可以看作正负以太元素的振动与前行。光子前行的速度是 c，这与以太海的密度有关，而光子中正负以太元素在垂直方向上的振动速度也必然与以太海的密度相关。

如果在光子经过的空间中，以太海密度是均匀的，那上图横轴的箭头即为光子的运动轨迹，构成光子的正负以太元素上下振动的幅度相同，所以当光子中的正负以太分散再聚合时，聚合点仍然会落在横轴上。这个光子会保持原来的运动方向不变，光子前行的路径是直线，如图所示。

如果因为这个大质量天体的存在，导致光子途经的空间中以太海的密度不同，靠近天体的方向上以太海的密度更低，即在坐标轴上方振动的正（负）以太元素的速度低于坐标轴下方的负（正）以太元素的速度，就会导致其分离后再聚合的位置点发生改变。

在这个例子中，由于是从质量粒子下方掠过，光子在原光路上方振动的以太成分的速度，要低于原光路下方振动的以太成分的速度，所以当在原光路下方振动的那部分以太成分回到原光路时，在上方振动的那部分以太成分还没有返回，这使得在原光路下方振动的那部分以太成分还需要继续向上移动才能聚合在一起，完成光子中正负以太元素的一次振动。

因此，在一次振动结束后，这个光子的位置会偏离原本的方向，而随着光子的前行与持续振动，这个光子会向以太海密度更低的方向（即大质量天体所在的方向）发生偏转。

一个光子如此，由光子形成的粒子同样如此。随着粒子内光子的波动，粒子也会向以太海密度更低的方向偏转。

粒子会因为其内部正负以太元素的振动，逐渐向以太海密度更低的方向偏转，这正是以太假说下万有引力的本质。

这个过程中同样会有能量的转移。因为粒子出现了位移与速度上的变化，它需要获得更多的能量，所以它会从以太海中获取与之匹配的以太元素，这也是重力势能向动能转化的过程。

以上，就是为什么在质量粒子周围会出现引力场，而引力场又会对其中的粒子产生万有引力、重力势能转化为动能的全部过程[①]。

在第六章我们谈到过粒子的惯性质量，我们发现其与粒子内部光子的能量，或者说以太数量相关。现在，我们可以确认引力质量也是如此。因为无论是惯性质量还是引力质量，其本质都是粒子中以太元素的运动，它们都与在粒子内部运动着的以太元素的数量相关。

只不过在讨论惯性质量时，我们更侧重粒子的以太结构，以及粒子内以太元素与以太海中以太元素之间的相互作用。而在讨论引力质量时，我们会强调以太海的波动，也就是暗波机制。

因此，在"物质以太"的观念下，所有力都可以被描述，能量的转移更是如此。我们同样可以确认，万有引力的确与电磁力有不同的产生机制，很难被标准模型用一种数学表述来统一。

---

① 万有引力与距离的平方成反比，这可以根据以太海密度与距离的关系，以及光子在密度不同的引力场中的偏移行为计算得出。

暗物质与暗能量

暗物质和暗能量是当今物理体系内必不可少的存在，然而它们都只存在于假设中，迄今也没有被人类直接观测到。我们需要假设它们存在，否则就无法解释我们观察到的天体现象。

暗物质的假设源于我们在天文学中对星系旋转速度的观测。

我们都知道，旋转的物体会受到来自圆心的引力和自身旋转所形成的离心力，当两者平衡时这个旋转的系统才能稳定。那么，延伸到星系这个体系中，来自圆心的引力必然是万有引力。

然而，天文学家在观测星系旋转时，发现星系似乎转得太快了——按照观测到的数据，即使星系内可观测到的所有天体质量加在一起，也没有办法提供足够的万有引力而让星系保持凝聚（稳定）状态。因此，天文学家推测，必然有一种我们虽然无法观测但确确实实存在，并能提供引力质量的物质存在，这使得星系内能产生足够的引力来维持星系的稳定存在。这便是"暗物质"假设的来源。

甚至，在宇宙学中，人们必须假设存在一定比例的暗物质，才能让我们对远方天体的推测和计算准确无误。

而暗能量的假设，源于天文学家观测到宇宙中所有星体都在向着远离地球的方向移动。

这个观测结果人们曾用宇宙大爆炸的设想来解释，表明所有星体彼此之间都会越来越遥远，但因为万有引力的存在，这些星体会因为引力的作用而减速，并最终再次被吸引到一起。然而，进一步研究表明，宇宙的膨胀不但没有减速，反倒是处于无法解释的加速膨胀中。人们不得已提出"暗能量"假设，即假设在宇宙中存在一种特殊的能量，它能够提供一种反引力，推动宇宙持续膨胀。

在"物质以太"的观念下，这些以往让人困惑的疑问，同样是很清晰的物理过程。

我们已经知道，无论是通过引力还是电磁力，物体都能从以太海中获取能量，将势能转化为动能。

以太阳系为例。如果一个大质量天体，比如太阳，通过引力俘获了一块原本静止的陨石，那么，这个陨石会因为万有引力的原因不断加速，向太阳偏转直至撞击上去。这个过程中，重力势能转化为动能，以太海的能量（以太元素）持续减少，陨石的能量持续增加。

这个陨石有两种归宿，其一是坠入太阳。

陨石的撞击会释放出能量，尤其是光能与热能，这些能量会以光子或热辐射的形式向无限远处释放。在这个过程中，以太海的能量提供给了陨石，而这些能量大部分会以光子的形式向外释放，从太阳系到银河系，直至宇宙边缘。由此太阳附近以太海中的能量减少了，以太海的以太密度也减少了。

这个过程近乎不可逆，也无可避免。只要万有引力存在，只要势能会转化，只要释放出的光子永久地离开了太阳系，太阳附近以太海中的能量就会因此减少，以太海的密度就会因此降低。

还有一种情况是，这块陨石可能不会坠入太阳，而是被太阳的引力捕获进入其公转轨道,围绕太阳旋转。由此,以太海中的能量会以动能的形式被这块陨石储存起来,以太海的密度同样会降低。

这里的降低不是万有引力模型中的可用密度降低,而是区域范围内以太海密度真真切切的减少。

随着太阳在空间中的移动,星空中游离的陨石会被太阳的引力捕获,获得动能并不断加速,太阳附近空间以太海中的"物质以太"会不断流失,这也意味着,地球所处的以太海密度同样会低于正常的以太海密度。

所以,太阳这颗大质量天体在其周围制造了一个以太海密度较低的空间。随着上述过程的不断发生,太阳附近空间中的以太海密度逐渐降低,光在穿过这片空间时的速度也会越来越慢,这可以被看作一个逐渐加强着的"时间陷阱"。这也导致地球自身的时间流逝速度要低于太阳系之外的时间流逝速度。

不只是太阳,任何能产生显著引力场的天体或者天体系统附近都会产生同样的转变,只要有重力势能向动能的转变发生,以太海的密度就会降低。

因此,暗物质假设的来源在以太观念下获得了另一个解释,即:

> 这只是因为地球所处的以太海密度偏低,导致我们自身的时间流逝速度过慢。当我们去观测时间流逝速度快于我们的星系的运动行为时,自然会看到它们旋转得比我们以为的要快。

下面再看看暗能量是怎么回事。

在太阳系中，太阳的引力会捕获星空中的小天体，让附近空间以太海的密度持续降低。而在宇宙中，任何引力势能向动能的转变都会带来这种结果，比如两个星系因为万有引力而靠拢。让星系移动并加速的能量同样来自以太海，这会造成以太海密度的降低。这样的反应在宇宙中无处不在，时刻都在发生。随着时间推移和这种反应的积累，宇宙中可观测的以太海密度都会持续降低，因此相应空间内的光速会越来越慢，时间的流逝同样会越来越慢。

当我们通过哈勃望远镜观测到星体在红移[①]，以往的天文学家认为，这说明宇宙在膨胀，使得所有星体都在远离地球。但在以太观念下还有另一种解释：

> 整个宇宙的以太海密度在持续变低，这减慢了光在其中穿行的速度，增加了光的穿行时间，造成了观测上的红移，所以我们会看到星星远去，似乎星星与地球的距离越来越远，似乎宇宙在膨胀甚至加速膨胀。

但这并不是因为暗能量的存在，这只是以太海自身的特性罢了：我们所在的宇宙空间中，以太海的密度在渐渐降低，而时间的流逝逐渐变慢。

因此，无论是暗物质还是暗能量，或者宇宙大爆炸甚至奇

①　红移：星体发出光波的波长因为某种原因增长。

点，这些概念、理论也许都会被"物质以太"的思路推翻重建。

而宇宙的寿命与尺度、黑洞的具体模型，它们两者的生灭，这类问题我们也需要重新去考虑。

在思考超高速环境下的物理现象，也就是狭义相对论时，我们会引用洛伦兹因子，将物体的速度与光速纳入考量。但在计算极端的以太海密度时，比如极度靠近黑洞的位置以及宇宙边缘，我们是否也要考虑类似的计算因子，引入当前空间的以太海密度，以及标准以太海密度[①]？

我们可否利用粒子—光子模型解释伽马射线暴？也就是电子在极端环境下是否可以批量形成反质子？

历史悠久的星系与新生的星系中以太海的密度如何？我们是否可以用它来解释矮星系中的现象？

整个宇宙中以太海的密度分布？

……

是的，太多的新课题应运而生。

但也许，在"物质以太"的观点下，它们都不难解答。

能量是什么？

在本书的最后，我们来谈一谈以太与能量的关系。前文中有时候我会把这两个概念混用，但它们的确有差别。

---

① 假设宇宙中不存在任何天体时的以太海密度。

若想以正统的方式去理解爱因斯坦博士的狭义相对论，可能无法绕过一个著名的思想实验——火车思想实验。这个实验能让人们意识到"同时性"具有相对性。

在相对论中，同时性是一个非常重要的概念，它对理解相对论中的四维时空体系有很大帮助，可以说，它是相对论体系中对时间定义的一个修补①。然而，下面提到火车思想实验并不是为了讲述同时性，而是借用并改动了这个实验模型，以此说明能量、以太数量和速度三者之间的关系。

让我们开始。

想象有两列相同的火车甲和乙以及两根平行的轨道，火车两端分别为 A 端与 B 端，在两列火车的中点 M 处各有一个观察者，而在 A 端与 B 端各有一个相同的发光器，可以发出同样频率也就是同样颜色的光线。

这两列火车，列车甲停放在轨道上，而列车乙在快速移动。在某一个时刻，两列火车的空间位置重合。如下图所示。

根据相对性原理我们可以得出结论：

对于静止的列车甲来说，其中的观察者观察自己车上 A 端和 B 端发出的光线，其颜色必定相同。而对于运动的列车乙来说，其观察者观察自己 A 端和 B 端发出的光线，颜色也必定相同。因此，列车甲中的观察者会认为自己车 AB 两端发出的光

---

① 本书没有展开介绍同时性这个概念，对它有兴趣又不熟悉这个思想实验的读者可以自行搜索，任何关于相对论的科普书籍都会详尽地阐释这个概念。读者可以将其与以太观念下的思路进行对比，这样或许有助于我们更好地理解"时间"。

线中的光子能量相同，而列车乙中的观察者也认为自己车 AB
两端发出的光线中光子的能量相同。

图 9-2　火车思想实验（改）

　　但如果由静止在列车甲上的观察者去观察列车乙的 A 端和
B 端发出的光线，他会发现，在两车交会的瞬间，列车乙的 A 端
正在远离自己，而列车乙的 B 端正在靠近自己，因为多普勒效
应，A 端发出的光发生了红移，而 B 端发出的光发生了蓝移。①

　　因此，列车甲上的观察者会认为这两束光的颜色不一样，
频率自然也不一样，由 A 端发出的光线的频率要低于由 B 端发
出的光线。既然两束光的频率不同，其能量自然也不相同，如
果用实验来验证，那就是如果由 B 端发出的光线刚好可以使某
一种金属发生光电效应②，由 A 端发出的光线就无法做到这一点。

---

①　在运动的波源前面，波被压缩，波长变得较短，频率变得较高，即蓝移；而
　　在运动的波源后面，会产生相反的效应，波长变得较长，频率变得较低，即
　　红移。

②　光电效应：只有在高于某特定频率的光波照射下，某些物质内部的电子才会被
　　光子激发出来。

刚才，我们考虑的是观察者静止，而光源运动的情况。接下来，我们把这两者倒过来，让运动中的列车乙中的观察者，去观察静止的列车甲的 A 端与 B 端所发出的光线。

还是因为多普勒效应，列车乙中的观察者会认为列车甲的 A 端发出的光线频率更高，也就是发生了蓝移，而 B 端发出的光线频率会低一点，也就是发生了红移。对于列车乙中的观察者来说，列车甲的 A 端和 B 端发出的光线，其中光子的能量也不同。

现在奇怪的现象出现了：每列车上的观察者都认为自己车两端发出的光子能量相同，也都认为对方车辆两端发出的光子能量不同，而且，可以用光电效应这类实验对自己的观测结果进行验证。

那么，对于任何一辆列车而言，其 AB 两端发出光子的能量到底是否相同？

在上面的例子中，我们很难想象静止的列车甲中，其 AB 两端发出的光子有任何不同，但对于运动的列车乙中的观察者来说，其观测到的光子能量的确不同。因此，我们需要将以太与能量分开，然后这样下结论：

在静止（这里是绝对静止，即相对空间静止）的列车甲中，其 AB 两端发出的光子内以太元素的成分完全相同，但从 AB 两端发出的完全相同的光子，在"撞击"列车乙内的观察者时，产生的效果不同——观察者迎面"撞击"的由 A 端发出的光子的"威力"（或者说能量）比由 B 端发出的光子的"威力"要大，更容易使金属发生光电效应。

现在,我们可以意识到,两个完全相同的光子,也就是其内部以太元素的构成完全一致的光子,在不同的相对速度下"撞击"它的观察者,其体现的能量是不同的。而"能量"这个词是一个计算值,它与光子内的以太数量有关,也与相对速度有关。

接下来,让我们再考虑另一种情况,即列车乙的 AB 两端发出的光子是否相同?

现在,列车甲中的观察者是静止的,他观测到运动的列车乙的 AB 两端发出的光子。我们知道,列车甲中的观察者认为这两者能量不同,而列车乙中的观察者认为这两者能量相同。

要知道,在刚才的情况下,因为列车乙正在运动,所以运动的列车乙中的观察者与静止的列车甲的 AB 两端发出的两个光子之间的相对速度不同。

现在,列车甲及其内的观察者是静止的,列车乙虽然在运动,但由其 AB 两端发出的光子在发出以后就不再受列车乙速度的影响,而是保持相同的速度 c 去"撞击"列车甲中的观察者。因此,既然列车甲中的观察者发现这两束光中的光子频率不同,那么,由列车乙的 AB 两端发出的光子就必定不同——这里的不同是指构成光子的以太元素的数量不同,即在列车乙的 B 端向前发出的光子内包含的以太元素,要多于列车乙的 A 端向后发出的光子内的以太元素。

进而我们可以认为,对于运动中的列车乙内的每一盏灯来说,其向前发出的光子内的以太元素,要比向后发出的光子内的以太元素多。

但是对于运动列车乙中的观察者而言，虽然其前后两端发出的光子（A端向后发出的弱一点的光子，与B端向前发出的强一点的光子）内以太元素的数量并不相同，但因其具有速度，所以，刚好使两边的光子作用到观察者上时的"威力"相同，也就是观测到的能量相同。

现在，让我们总结上面的思想实验。

如果在一个绝对静止的惯性系内，光子的"威力"应该与其内部以太元素的数量相对应。而以太元素的数量是绝对的，它不会随意变来变去，所以，我们似乎可以直接用光子内以太元素的数量来描述光子的能量。

但当光子与其他物体相互作用时，光子与物体之间的相对速度会影响光子的"威力"，它可以使两个以太数量相同的光子发出不同的"威力"，也可以使两个以太数量不同的光子发出相同的"威力"。

而发光者的速度也会影响光子内以太数量的释放。

这几点结合在一起后，便成为对这两列列车都适用的"相对性原理"，即每个列车内部的观察者都认为两边发出的光是相同的。

但我们偏偏没有办法测量自己所在惯性系的真实速度，这使得我们无法准确地描述光子内以太元素的数量，而只能根据我们所在惯性系内这些光子的"表现"来确定光子的"威力"，也就是光子的能量。

所以，在一个理想的状态下，即绝对静止的惯性系内，光子的能量与光子内以太元素的数量成正比。由于我们自身处于速度未知的惯性系内，只能用"能量"这个概念作为衡量与计算的标准，但要清楚，两个对于我们而言能量相同的光子，如果它们的方向不同，其内部的以太元素数量不一定相同。

而如果是绝对静止的惯性系，能量等效于以太，如果是我们人为规定的静止惯性系（如为方便计算，我们想象地球就是这样的惯性系），也可以认为能量正比于以太。而在以太假说中，能量这种物理存在，其实是以太、相对速度、以太海密度这三者共同形成的一个计算数值。

但人类可能永远也无法得到以上所描述的理想状态。因为我们只能通过一些物理现象证明以太海的存在，依然无法直接观测到以太，更无法对"空间"展开观测与定位。

因此，我们也许永远都无法知道自己所在的惯性系到底在空间中是以怎样的速度运动，也无法知道我们所在的位置上以太海的密度到底是多少。

"绝对"和"相对"就像一对双生子，它们都很重要。虽然"绝对"的时空也许才是物理学的本质，但我们只能通过"相对"的时空对物理世界进行研究，幸好我们可以在数学上证明这两者是等效的。

而能量与以太也是这样的一对双生子：以太是本质，但其不可测量；能量是表象，我们可以对其测量与计算。

巧合的是，以太这个词的提出者是古希腊哲学家亚里士多德，其实能量这个词也是，这就像我们人类文明中，一个美妙的起点。

后　记

　　历史上，不同时代的人们都希望理解我们生活的世界，了解物质是什么、宇宙运行的真实规则，但这注定是一个艰难的旅程，挑战来自方方面面。

　　比如被希腊三贤推崇的"四元素说"，统治了西方世界接近 2000 年的认知，受到牛顿支持的光的粒子说与波动说的争斗则持续了 300 年。

　　再比如对"地心说"的纠正。哥白尼的《天体运行论》在他去世那一天（1543 年 5 月 24 日）才得以出版，而几十年后的伽利略想再提日心说，罗马教廷却在 1616 年要求他不得以口头或文字形式保持或捍卫日心说，直到 1624 年，伽利略得到新任教皇的许可写一本同时介绍日心说与地心说的书，条件是对两种学说的态度不得有所偏倚，而且都要写成假设性的。

　　伽利略在接下来的 6 年中，撰写了《关于托勒密和哥白尼两大世界体系的对话》一书，以对话讨论的方式描述了两种不同观点之间的辩论与冲击。

即便如此，6个月后这本书依然被勒令停止销售，伽利略本人则被罗马宗教裁判所以"反对教皇、宣传邪学"的理由判处终身监禁，他的一切著作都被列为禁书，不得重印。

整个天主教世界都知晓了这份判决书，凡是设有大学的城市均须聚众宣读，借此以一儆百。伽利略的不幸遭遇震慑到笛卡尔，他的巨著《世界》写于1629~1633年，而笛卡尔毕生的工作都可以看作在不激怒教廷的前提下将物理学的相关研究宣之于众——大家所熟知的《哲学原理》发表于1644年，其中便小心翼翼地引用了《世界》中的内容。笛卡尔逝世十多年后，在1664年《世界》才得以出版。当然，这也代表着以太正式进入经典物理的舞台。

到了现代，自从横空出世的爱因斯坦剔除了以太，提出相对论与相对时空观，提出波粒二象性并建立量子力学，现代物理学的大厦矗立于世已经超过100年。而后，夸克模型提出至今也已经过了50年。哈勃空间望远镜于1990年被发射，这让我们对宇宙的了解更进一步。又经过几十年的天文观测与研究，暗能量、暗物质和宇宙在加速膨胀等概念与假设，在我们的认知中逐渐根深蒂固。

然而，对于这个世界，物理研究者们依然充满困惑，更不用说普通人。随着研究的持续，基本可以确认，现有的物理学认知尚不能解释所有问题，而且，这些问题几乎都是摆在人类面前许多年的老问题。

也许曾有人发出过这样的疑问：

如果历史有岔路口，有没有另一个思路可以绕过现有的问题？

如果相对论没有被提出，如果量子力学中的现象容易被理解，世界会怎样？

我们人类有没有可能真正知晓万物的规则？

本书试着给出一种答案。

田寒松

2019 年 10 月

大家可移步"万物的规则"同名公众号、抖音号，与作者互动，或查看更多内容。

换一个角度看量子力学的数值与计算

大家对现代物理学的信心，有一半以上都建立在量子力学的准确可用上，哪怕量子力学内部的机制是如此晦涩难明。但请允许我做一个大胆的尝试，应用物质以太相关假设，应用第五章的一些内容，进一步剖析量子力学的计算基础，试着让量子力学成为一个容易理解的物理体系。

在量子力学中，有很多基础且重要的概念，比如波粒二象性、普朗克常量、四个量子数，以及围绕四个量子数展开的计算。

如按以往的观点，这些量子力学的典型概念有别于宏观物理的概念，但如果用物质以太的模型，微观物理与宏观物理真的不能用同一种思路研究么？

比如第五章讨论过的波粒二象性，在量子力学中，这是独属于微观粒子的内蕴特性，而在物质以太模型中，它源于粒子与以太海的相互作用，波动性被归因于以太海的波动，而粒子性来自粒子本身。

这个概念在理解上的转变是比较容易的，而我们需要通过一些计算与转化，才能领悟另一些量子力学的典型概念中的秘密。

让我们顺着量子力学被建立的顺序，重新审视那些带有"量子力学"标签的概念。

普朗克常数 h

首先是普朗克常数，符号为 h。

其实这个概念在第五章已给出解释，不过为了方便大家更好地衔接与理解，请允许我再叙述一次。

普朗克常数是量子力学的第一个数值，更是一切量子力学计算的基础。可以说，一切量子力学的计算都离不开这个数值，但它的物理意义却是模糊的。

看完本书正文的读者会知道，物质以太模型有这样的基础框架：

质量粒子被认为由光子组成，而光子是以太海的波动，因此，质量粒子、光、以太海，变成了同一种底层物质组成的三种不同结构，而在这种底层物质之间，必然应有相应的作用机制。

因此，当光或质量粒子进入空间中的以太海时，在光与以太海之间，在质量粒子与以太海之间，会发生物质以太之间的相互作用。

在本书第五章，通过光的能量公式 $E=h\upsilon$，我们阐述了光与以太海之间作用的过程。

能量公式是一个经验公式，而频率 υ 和时间 T 的乘积必然是 1，由这两个公式，我们可以得到一个新公式：$T=\dfrac{h}{E}$

如果光子的能量 E，与组成光子的物质以太的数量相关，而 T 反映了光子与以太海两者作用一个周期的时间，那 h 必然和来自以太海的物质以太的数量相关。

需要注意，在 $\upsilon T=1$ 这个公式中，有一个"单位时间"的概念，这里对时间的度量是人为规定的。也因此，普朗克常数 h，与以太海中激发出物质以太的数量对应，也与人类对时间的度量相关。

在单位时间被确定时，普朗克常数确定，对应的物质以太的数量也确定。按上述公式，我们可以得出这样的结论：

无论进入以太海的光子对应着多少数量的物质以太，以太海中释放出并与之作用的物质以太的数量都是恒定的。

光会与以太海发生如此作用，质量粒子的动能部分也是如此，这些内容也在第五章，而到了第六章，我们用以上内容解释了电荷的量子化。

而现在，在理解了量子力学的第一个概念普朗克常数之后，让我们深入展开量子力学方面的计算。

约化普朗克常数 $\hbar$

在量子力学的主流学习中，对于量子力学的具体应用，有一个与 h 关联却更常见的重要字符，这就是约化普朗克常数，符号是 $\hbar$。

它的写法是在 h 上添加了一个横：$\hbar$，读做 h 拔，是一个人为规定的常数，数值为：

$$\hbar = \frac{h}{2\pi}$$

在量子力学的计算中，$\dfrac{h}{2\pi}$ 这个算式会非常频繁地出现，而 $\hbar$ 的出现就是为了简化书写。

而 $\dfrac{h}{2\pi}$ 或者 $\hbar$ 之所以在量子力学中非常常见，是因为它的数值与微观粒子的角动量密切相关。在应用量子力学研究微观粒子的时候，$\hbar$ 被认为是角动量（动量与动力矩的乘积）的最小衡量单位。

只不过，量子力学并不能解释为什么 $\hbar$ 与角动量关联，只是将其强行应用，成为众多虽然准确但无法解释的量子力学基础之一。

而在物质以太模型下，这部分内容可能更清晰。当然，我们要沿用经典思路，或者说最初一代研究者思考波尔模型时的思路。

在物质以太模型下，物质波具有明确的物理含义。它来自电子动能与以太海的相互作用，范围内的以太海会被扰动（详情见第五章），而重要的是，在波尔模型中，基态轨道上的电子形成的以太海扰动，即物质波波长，与基态轨道周长相同。

下面的计算验证本应放在第五章，现在我们补充在这里。[①]

在经典模型下，基态轨道上的电子沿轨道移动，动能为 13.4eV。我们可将动能由电子伏特（eV）转化为焦耳，即 $1eV=1.6×10^{-19}J$。再根据动能公式 $E=\frac{1}{2}mv^2$，代入电子质量 $9.11×10^{-31}kg$，可得到电子在基态轨道上的速度：$v=2.187×10^6$。

代入物质波波长公式，即可得到基态轨道上电子的物质波波长：

$$\lambda = \frac{h}{p} = \frac{h}{mv} \approx 3.33×10^{-10}m$$

而玻尔模型基态轨道半径为：$r=0.53×10^{-10}m$，计算得到的轨道周长为 $2\pi r \approx 3.33×10^{-10}m$。

显然，从数值上，基态电子的物质波波长等于基态轨道周长，这符合物质以太模型的假设。在物质以太的思路下，这是氢原子基态轨道上的电子用其动能部分扰动以太海，并在特定

---

① 这些计算的目的是为了验证，所以对数值精度的需求并不高。有专业背景的读者可以采用精度更高的数据并考虑更多细节进行精细计算。下一章关于微观粒子的量化计算也是如此。

空间中形成稳定涡流的过程。

而计算还应更进一步。既然玻尔模型中的基态轨道周长等于电子的物质波波长：

$$C_{基态电子轨道} = 2\pi r = \frac{h}{mv} = \lambda$$

稍加变化即为：

$$\frac{h}{2\pi} = r \cdot mv$$

得出：

$$\hbar = r \cdot p$$

在物理学中，半径 r 与动量 p 的乘积，被称为角动量。可见，$\hbar$ 与氢原子基态轨道上电子的角动量相等。所以，我们便能够理解，为什么量子力学把 $\hbar$ 视作角动量的最小衡量单位。

没有相关专业基础的读者也许不明白，为什么在量子力学中，角动量，或者 $\hbar$ 如此重要？

这是因为在研究原子内部的细节时，我们没有办法对电子进行持续的跟踪测量，更何况观测行为会对电子进行干扰。因此，只能寻找一些不会改变的量。

而电子与原子核的距离并非一成不变，电子的动能与势能也在来回转移。不过在这样的系统中，电子的角动量是守恒的，因此，量子力学中会以角动量作为计算的基准。

要特别注意，$\hbar$ 与基态轨道角动量相同，但这个规律并非仅适用于氢原子，它适用于一切原子。

无论原子核内的正电荷是多少，在原子核吸引电子的过程中，电子的电势能逐渐转化为电子动能，电子的速度、动量和物质波波长都在不断改变，电子与原子核的距离（当前的轨道半径）也在不断变化。但它们改变的速率不同。

计算后会发现，总会存在一个，电子激发出物质波波长与轨道周长相等的时刻，或者，一个电子激发的以太海涡流刚好覆盖轨道空间的时刻，从这一刻开始，电子不再靠近原子核，电势能不再转化为电子动能，电子速度也不再增加。

这个稳定态，就是电子的物质波波长与电子轨道周长相等的时刻。

而 $C_{\text{基态电子轨道}} = 2\pi r = \dfrac{h}{mv} = \lambda$，必然会推导出 $\hbar = r \cdot p$，因此，在量子力学中，用 $\hbar$ 标记基态角动量是合理且准确的。

综上，又一个量子力学的重要概念 $\hbar$，获得了明确的物理意义。

主量子数 n

在量子力学的计算中，$\hbar$ 最基础的应用是与量子数配合，计算原子外电子的细节信息。这里有 4 个非常常用但无法用经典物理解释的量子数，让我们一个一个来分析。

首先是主量子数，其被认为与电子的能量相关，为了理解这一点，我们还是先应用波尔模型。

玻尔模型是一个经典模型，认为电子在不同轨道上绕着原子核公转，电磁力与离心力平衡。通过简单的计算，很容易得到以下规律。

电子层数	电子动能	轨道周长	轨道电子的物质波波长
第一层	E_1	C_1	$\lambda_1 = C_1$
第二层	$E_2 = \dfrac{1}{4}E_1$	$C_2 = 4C_1$	$\lambda_2 = 2\lambda_1 = \dfrac{1}{2}C_2$
第三层	$E_3 = \dfrac{1}{9}E_1$	$C_3 = 9C_1$	$\lambda_3 = 3\lambda_1 = \dfrac{1}{3}C_3$
......			
第 n 层	$E_n = \dfrac{1}{n^2}E$	$C_n = n^2 C_1$	$\lambda_n = n\lambda_1 = \dfrac{1}{n}C_n$

让我们先关注第二列的信息。可以看到，不同层电子轨道上电子的动能，与第一层电子动能相关，也与电子轨道的层数相关，也具有特定的数量关系，这就是层数的重要性。

动能如此，势能其实也如此，加起来便是电子的能量，而电子层数，便是量子力学中常用到的主量子数，符号为 n，它与能量关联。

现在，我们再来关注上表的最后一列，物质波波长，可以注意到：

第一层电子轨道的周长，等于电子物质波波长的一倍。

第二层电子轨道的周长，等于电子物质波波长的两倍。

......

第 n 层电子轨道的周长，等于电子物质波波长的 n 倍。

前文曾介绍过，依照物质以太模型，在第一层轨道上，电子激发的以太海波动，完整地覆盖了基态轨道的空间范围，并没有不足，也没有重叠。

而在其他轨道上，轨道周长必然会大于电子产生的物质波波长，但如果轨道周长是物质波波长的整数倍，电子激发以太海形成的涡流则会在空间上分立，也不会相互冲突，也仍然可以稳定。

配合简单的计算便可确认，第 n 层轨道的周长，必须要等于轨道内电子的物质波波长的 n 倍。

这里还有一个细节，以太海的波动应该是线性的，还是具有一个范围？

圆的周长公式是 $2\pi r$，球的表面积公式则是 $4\pi r^2$，如果考虑以太海涡流在空间上的展开，考虑物质波波长对应着以太海在空间上的涡流，考虑不同层电子速度与物质波波长的变化，就能注意到，在第 n 层轨道对应的球面空间中，其内刚好可以容纳 n^2 个对应着的以太海涡流。而前文又提到，一个以太海涡流可以容纳两个自旋相反的电子。于是，在每个电子的轨道内，可以容纳的最大电子数，是 $2n^2$。

以上内容虽然来自玻尔模型，来自氢原子，但这个规律适用于所有原子，因为轨道周长与电子物质波波长之间的关系，轨道面积与以太海涡流范围之间的机制，都是一致的。

角量子数 *l*

主量子数讨论的是电子的层数，描述了每一层内最多可以有多少电子。但其实，即使是同一层电子，电子的能量也不完全相同，而电子的轨道也并不全然相同。

所以，在分出电子层以后，还需要再次区分电子亚层。而在量子力学中，人们用角量子数（符号是 *l*）来区分不同的电子亚层及电子轨道。而不同的电子层、不同的电子亚层，其电子的运动会是怎样的规律？

为了方便理解，让我们一层一层地分析，查看其中的细节。

最内层电子轨道只有一个电子亚层：

这一层最多只能有 1 对电子，这 2 个电子处于同一个球形空间，既处于同一个电子层，也处于同一个电子亚层。

第二层电子轨道有两个电子亚层：

这一层最多可以容纳 4 对电子，而这 8 个电子分别处于 2 个电子亚层。

第一个亚层中有 1 对电子，处于一个球形空间。

第二个亚层中有 3 对电子，占据了三个彼此垂直的纺锤形空间。

第三层电子轨道有三个电子亚层，也更具有代表性：

这一层最多可以容纳 9 对电子，而这 18 个电子分别处于 3 个电子亚层。

第一个亚层中有 1 对电子，处于一个球形空间。

第二个亚层中有 3 对电子，占据了三个彼此垂直的纺锤形空间。正如立体坐标系的 x、y、z 三个轴的分布。

第三个亚层中有 5 对电子，如果第二个亚层的三对电子以 xyz 三轴方向分割空间，会区分出 8 个空间区域，而第三亚层的电子轨道，主要分布在这 8 个，或者 4 对空间区域中。还有 2 个电子的位置后续将会说明。

以上内容是电子轨道模型中的基础，这样描述方便不熟悉这些的读者理解。而介绍这些内容是为了这部分的主题：角量子数。

量子力学提供了一个公式，我们通过角量子数（符号为 l），可以准确地计算不同电子亚层上电子的角动量。

公式是：$\sqrt{l(l+1)}$。举个例子，如果要计算第二个电子亚层中电子的角动量，量子力学会取这个电子的角动量量子数 l 的数值为 1，代入公式，$\sqrt{l(l+1)} = \sqrt{2}$，所以，第二个电子亚层中电子的角动量，是第一个电子亚层中电子角动量的 $\sqrt{2}$ 倍。

l 的数值只能取 0 与一定范围内的自然数，而数值分立是量子化的典型特征，也所以，这些内容被称作量子力学。只不过，虽然这个计算是准确的，但为什么要这么算？为什么 l 的取值只能是 0，1，2，3？量子力学没能给出解释，而接下来，让我们转化它，并理解它。

前文曾说过，角动量 L 是半径 r 与动量 p 的乘积。而轨道中的电子，无论其能量如何，无论其动能、势能如何转化，无论其瞬间位置与原子核的距离如何改变，角动量均守恒。让我们一层一层剖析。

首先是最简单的第一亚层的情况。

第一亚层内的电子在绕核公转，能量确定，有特定的轨道半径，而更高亚层内的电子，可以回到第一亚层的范围内，只要角动量守恒。

接下来是第二亚层，由此就能看到细节了：刚刚用第二亚层的电子的角动量举例。第二亚层电子的角动量是第一亚层电子角动量的 $\sqrt{2}$ 倍，即 $L_d = \sqrt{2}L_s$。

而第二个电子亚层内的电子，其与原子核的距离在不断变化，因此，势能、动能、速度都在改变。

所以，如果在某个瞬间，第二个电子亚层的电子进入第一个电子亚层的轨道，那这一刻，这两个电子虽然来自不同亚层，但它们距核的距离相同，所以电势能相同，而角动量 $L = r \cdot mv$，既然此刻的 r 和 m 都相同，这两个电子的速度关系必然是 $\sqrt{2}$ 倍。

$$v_d = \sqrt{2}v_s$$

再进一步，考虑这个时刻电子的动能，而 $E_{动} = \frac{1}{2}mv^2$，所以这个瞬间，第二个电子亚层中电子具有的动能，是第一个电子亚层中电子动能的 2 倍。

$$E_{动d}=2E_{动s}$$

基于上述转化，我们便可以将角动量之间的数量关系，转化为动能之间的数量关系。

在量子力学中，采用角动量作为不变的"量子"，于是，不同电子亚层电子角动量与第一亚层电子角动量的倍数的关系为：

第 2 亚层的倍数为：$\sqrt{l(l+1)}=\sqrt{2}$，而第 3 亚层为：$\sqrt{2\times3}=\sqrt{6}$，第 4 亚层为：$\sqrt{3\times4}=2\sqrt{3}$。

而如果改用动能作为"量子"，采用经典物理的思路，则：

第 2、第 3、第 4 电子亚层内的电子，当其进入第 1 个电子亚层的轨道时，其动能的倍数分别为 2 倍、6 倍、12 倍。

以往，我们无法回答，为什么在不同电子亚层之间，动量会具有 $\sqrt{l(l+1)}$ 的倍数关系。而现在我们发现，当不同亚层的电子回到第一亚层时，其动能会具有 $l(l+1)$ 这样的关系，而在物质以太的模型中，基于粒子的动能，我们可以计算粒子与以太海作用的时间，也可以计算粒子与以太海作用的空间范围（即物质波波长，见第五章的内容），也因此，我们能够明晰此间的物理意义。

比如，如果要讨论质量粒子的动能与以太海的作用的时间，我们会应用以下公式：

$$T = \frac{h}{E_{动}}$$

不同亚层的电子，在其进入第一亚层的瞬间，其携带的动能比例是 1 : 2 : 6 : 12，则其与以太海作用的时间关系为：

$$1 : \frac{1}{2} : \frac{1}{6} : \frac{1}{12}$$

按这个已知的数据，如果第一个电子亚层的电子与以太海作用的时间为 T_s，则这个瞬间，第二个亚层的电子与以太海作用的时间为 $T_p = \frac{1}{2}T_s$。

如果我们为其寻找原因，那就是，当第二亚层的电子，同样在第一个轨道内激发以太海时，它形成的以太海波动不会干扰第一个亚层内的以太海波动。

也所以，如果其他亚层电子与以太海发生作用的周期，可以被第一亚层电子的作用周期整除，即 $T_s = nT_p$，那第一亚层在每次与以太海发生作用时，以太海的环境都是相同的，这就不会干扰第一亚层内电子的行为。

但这个 n 不能是 1，否则电子和电子会发生空间位置的重叠，其最小值是 2。所以，如果是第二亚层内的电子，它与以太海作用的最大周期为 $\frac{1}{2}T_s$，其最小动能必须为第一亚层电子动能的 2 倍，那就能满足上述条件，换算为角动量，即为量子力学中的 $\sqrt{2}$ 倍。

而第二亚层中可以容纳 3 对电子，它们的轨道两两垂直，这是种自然稳定的结构。

弄清了第二亚层的机制，弄清了电子动能的重要性，沿用同样的逻辑，我们再来看第三亚层中的电子。

前面总结了这样的原则，即：后面亚层中的电子不能影响前面亚层的稳定，所以，第三亚层中电子激发出的以太海波动，既不能干扰第一亚层中的电子，也不能干扰第二亚层中的电子。

以及，我们要注意第三亚层内电子可选的空间位置，它必然同时邻接第二个亚层中的三对电子轨道，所以，它产生的以太海波动，必须要做到不干扰三个电子轨道内的以太海波动，因此，它激发以太海的时间 T_d 只能是 T_s 的 $\frac{1}{2 \times 3} = \frac{1}{6}$ 倍。

换算为在第一亚层轨道上的动能，则为 6 倍。

而换算为角动量，则为 $\sqrt{6}$ 倍。

前文说过，第三层电子可以容纳 $2 \times 3^2 = 18$ 个电子，现在，第一亚层中有 2 个电子，第二亚层中有 6 个电子，而第二亚层在空间中分割出 4 对象限，以此为基础形成 4 个电子轨道容纳下 8 个电子，所以，又可以容纳 8 个电子，所以，有 2+6+8=16 个电子获得了位置，那还有 2 个呢？

要注意，以上的所有思考都围绕第三层电子的第一亚层展开，甚至，这里涉及一些对以太海的理解。

1. 第三层电子的第一亚层在空间上存在 $3^2=9$ 个以太漩涡，但为了避免电子在空间位置上重合，所以，只能允许一对能量最少的电子停留在第一亚层。而虽然其他电子在获取特定能量后去了其他亚层，但这空余出的 8 个以太漩涡还是存在的，也对应着 8 对电子。

2.不管第几亚层的电子，其在激发以太海的瞬间，势能都是相同的，所以都是在回到第一亚层的轨道范围时，才会发生电子动能与以太海的相互作用。

所以，即使是动能为 6 倍的第三亚层中的电子，虽然其可以移动得很远，但还是会返回第一亚层并触发与以太海的作用。它需要在两个高低轨道之间做往返，而在第一亚层附近，存在一个不会干扰其他电子，也能短暂停留的空间，在这个没有更好位置的情况下，这里容纳了最后 1 对电子。

以上考虑的是第三层电子轨道，如果在第四层，还会出现第四个电子亚层，沿用上述思路，很容易就能理解为什么第四亚层的电子动能，相比第一亚层电子的动能会是 12 倍的关系。这些内容就不再赘述。这些内容就不再赘述，大家可配合电子云模型进行理解。

至于其他，稍加注意便会发现，虽然随着电子层数的增加，电子的动能会有规律地减少，但随着电子亚层的提升，电子的动能会更快速地增加，于是，出现了能级交错这种现象。

考虑不同轨道对应的以太海波动，也很容易理解洪特规则。

磁量子数 m

现在，让我们来看第三个量子数，磁量子数，符号是 m。

在量子力学中，磁量子数代表了同一个亚层中不同电子轨道的方向。而人们发现，角动量沿磁场方向的分量的值，具有特定的数量关系。

显然这里也有可量化可计算的部分，但在此不再叙述量子力学对其的原本定义，因为这确实不容易被普通读者理解，所以，下面将直接介绍物质以太模型下磁量子数的物理意义。

如果细化角量子数的物质以太解读，我们可以认为，角量子数告诉我们，高亚层电子激发的以太海波动，不会在"时间"周期上影响已有亚层电子的以太海波动。

那么，磁量子数告诉我们的是，高亚层电子激发的以太海波动，不会在"空间"上影响已有亚层电子的以太海波动。

具体情况如下：当高亚层的电子回到第一亚层的轨道时，其动能更高，速度也更快。但如根据其顺着第一亚层轨道的速度分量，可以计算其在第一亚层轨道方向上激发的物质波波长，即第一亚层空间内以太海的波动范围。

为了不影响第一亚层电子的波动，这些高亚层电子在第一亚层轨道方向上激发出的物质波波长，必须是第一亚层原有电子物质波波长的 n 分之一，n 是自然数。

举一个例子，比如某层的第二亚层，我们计算过其动能是 2 倍关系，其速度与角动量都是 $\sqrt{2}$ 倍关系，而如果在沿着第一亚层轨道的方向上，它的速度与第一亚层内原电子的速度相同，那么，这个来自于第二亚层的电子，其在第一亚层范围内形成的以太海波动的长度，与原本第一亚层电子形成的以太海波动是相同的，不会影响第一亚层电子的以太海波动。

同样，如果某亚层的几个电子在第一亚层方向上形成的以太海波动的长度，是原本第一亚层电子形成以太海波动的 1/2，或者 1/3，那既不会对原有电子的波动造成影响，也不会相互影响。而基于这个原则，同一个电子亚层的几个电子，会在第一亚层范围内形成长度明确的以太海波动。既然这些电子此时的动能与速度是明确的，它们在第一亚层方向上的分速度也可计算，那这些电子在经过第一亚层时的角度就是明确的。因此，量子力学中的磁量子数与电子轨道的朝向相关。

磁量子数的根源，是当这些电子回到第一亚层时，在第一亚层方向上激发的以太海波动需要满足特定的规则。

所以，角量子数与磁量子数告诉我们的是：

更高电子亚层中的电子，在它们回到第一轨道激发以太海波动时，产生的波动既不能在时间上影响原有电子与以太海的作用，也不能在空间上影响原有电子与以太海的作用。

基于此，我们可以计算出所有亚层电子回到第一亚层时在水平与垂直方向的速度。

至此，我们介绍了普朗克常数、约化普朗克常数、主量子数、角量子数、磁量子数在物质以太模型下的物理意义，这些可谓量子力学最底层的概念。抽丝剥茧，我们可以看到，所有量子力学中的数据、数量关系、细节，在物质以太模型下，都可以明确描述其来历。

而如果所有量子力学的底层内容都获得了明确的物理意

义，以往原因不明的机制都能被梳理清晰，量子力学当然不需要与经典物理分立门庭。

熟悉相关内容的读者，可以思考更多的量子力学公式与应用，看是否能在这个模型下完成将量子力学"翻译"为经典物理的工作。

因本书篇幅与作者能力所限，抛砖引玉，不再赘述。

除了这些概念以外，也许有人会注意到，常用的量子数还有自旋量子数，符号是 m_s。

量子力学同样不能解释为什么电子会发生自旋，但又不得不承认电子具有自旋角动量与自旋磁矩，所以，规定存在两种自旋方向相反的电子。

在第五章我们曾讨论过一些相关内容，但也只是确认电子存在两种自旋，并没有深入电子的内部结构。在后文中，我们将深入粒子物理学，了解质子、电子、中子的具体结构，计算它们的自旋角动量、自旋磁矩，乃至对缪子与几种奇异粒子展开细节讲述与数值计算。

微观粒子的结构与计算

对人类而言，尺度为 10^{-10} 米的原子实在无法直接观测，更无法观测尺度在 10^{-15} 米，质子和中子的内部结构，此间悬殊远超我们与地球的对比（地球半径：6.4×10^6 米）。也因此，我们只能根据种种现象、种种巧妙而可信的方法，去分析甚至猜测微观粒子可能的结构。

前人的猜测是夸克假说与粒子标准模型，而在物质以太模型中，我们提出"粒子—光子模型"。我们也介绍了质子的微观结构，并关联质子质量与半径作为证明，而现在，我们要计算质子的自旋磁矩、自旋角动量，并给出其他微观粒子的详细结构，以及相应的数据支持。

先用一点篇幅，回溯物质以太模型下对粒子的认知：

如果质量粒子由光子构成，那就可以在经典物理的时空假设中解释相对论效应，所以才有了"粒子—光子模型"这个假设。

引入以太海假设，光波成为以太海的波动，因此，质量粒子、光子、以太海变成同一种底层物质构造的不同结构。这就是物质以太假设，因此，在它们三者之间出现了相互作用的基础。

通过对光子能量公式、德布罗意物质波波长公式的思考，我们发现，当光子与以太海发生作用时，光子中的全部物质以太都会参与作用，而当质量粒子与以太海发生作用时，只有质量粒子的动能部分才会参与作用。

而在研究波尔模型时我们发现，被粒子激发的以太海涡流具有空间独占性。

顺着这个思路研究原子核外电子轨道，便有了附录 1 中对量子力学的经典诠释。

而顺着这个思路思考微观粒子的内部，就打开了新的大门。

一个自然被提出的问题便是：质子的空间独占性，会不会也来自被激发的以太海波动？最终我们发现，如果质子的微观结构是两对垂直交错的环形光轨，每个光轨内可以有两个光子，而这是一个可验证的模型。

当然，如果这个模型是正确的，那除了关联质子的能量与半径，它能解释的内容应当更多，比如质子的自旋。这也是一个现代物理学无法理解的现象，让我们应用质子的光子环模型计算质子的自旋磁矩，作为进一步的证明。

质子自旋磁矩的计算

首先让我们复习一下，在物质以太模型下与电荷量子化相关的内容。

定值的普朗克常量与以太海中激发出的定量的物质以太关联，而在这定量的物质以太正负分离以后，如果能包裹能量而形成稳定的电荷粒子，它们就成为电荷粒子上的单位正电荷，与单位负电荷。

质子内光子在旋转，光子以切线方向撞击外侧的正以太元素球壳，所以这是一个能用一个单位电荷的正以太球壳，包裹"极大"能量的内部光子的稳定结构。

那么可以猜测，电子是一个能用一个电荷单位的负以太，包裹"极小"能量的内部光子的稳定结构（电子细节见后）。

鉴于电子的"极小"能量，可以做出一种合理假设，即构成电子的光子内的正以太元素部分，刚好可以被一个单位的负电荷中和。

而质子与电子的质能比是 1836 倍，则它们内部光子中物质以太的数量比也应如此。而如果质子内部光子的负以太部分，在沿质子球壳旋转过程中被其上正以太全部中和，那质子就可以看作，沿着两个垂直光轨旋转着的 1836 个单位的正电荷。

如果再具体一点，每个光轨对应着 $\frac{1836}{2} = 918$ 个单位的正电荷，以质子半径为半径光速旋转，形成环形电流，也各自形成磁矩。

在这个模型下，我们可以计算一个光轨对应的轨道磁矩：

$$磁矩 = 电流 \times 面积$$

$$电流 = 总电荷 \times 每秒钟旋转次数 = 数量 \times 电荷 \times \frac{光速}{轨道周长}$$

$$面积 = \pi \times 质子半径^2$$

将各种数据电荷：$e=1.6 \times 10^{-19}$ 库仑，数量：$n=\dfrac{1836}{2}=918$，光速：$c=299792458$ 米／秒，质子半径：$r=0.841235 \times 10^{-15}$ 米（此数值来用质子质量的计算）代入可以计算出，一个环形电流的磁矩为：

$$电流 \times 面积 = 1.85 \times 10^{-23} A \cdot m^2$$

而两个环形电流在空间中垂直交错，它们的磁矩也会垂直，所以，两者的复合磁矩为：

$$1.85 \times 10^{-23} \times \sqrt{2} = 2.62 \times 10^{-23} A \cdot m^2$$

那质子自旋磁矩的实际测量是多少呢？

$$2.587 \times 10^{-23} A \cdot m^2$$

2.62×10^{-23} 与 2.587×10^{-23}，两者有 1% 的误差，虽然还有细微差别，但这个模型足以取信。

也所以，在量子力学中完全无法解释的质子自旋，在物质以太模型下，在"质子—光子旋转模型"中，得到了充分解释，也获得了各个角度的验证。

质子的细节已基本清楚，现在，让我们转向中子。

中子结构与若干旧日疑难

在介绍中子的内部结构以前，让我们先比对两个数值。

在计算质子自旋磁矩时，我们先对一个光轨内光子形成的磁矩进行了计算，即：

$$1.85 \times 10^{-23} A \cdot m^2$$

而中子的自旋磁矩是多少？测量数据为：

$$-1.77 \times 10^{-23} A \cdot m^2$$

如果比较这两个数字的绝对值，会发现只有 4% 的差距，可谓非常接近，而在考虑中子的组成以后，中子的结构已经呼之欲出。

核物理研究中发现，中子可以衰变为质子、电子、中微子。事实上在发现中微子以前，人们认为电子与质子组成了中子。

质子的质量是电子的 1836 倍，所以，质子内的一个光子，其质能是电子的 $\frac{1836}{4}$ =459 倍。

假设电子被射入质子后，能够获取一个光轨上两个光子具有的能量，则电子的质能会变成原来的 459×2+1=919 倍，应用相对论效应，可计算这时电子具有的速度 v：

$$v = c \times \sqrt{\frac{919^2 - 1}{919^2}} \approx c$$

如果计算这时电子的物质波波长，会发现其极度接近质子周长（也就是质子光轨内光子波长）的四分之一。

所以，我们获得了一个由质子与电子组成的复合结构。而质子原本的两个光轨中，一个光轨内仍然是两个光子，另一个变成了吸收了两个光子能量的电子。

这里还需要考虑一些细节，即自旋磁矩的方向。如果依照上述模型，自旋磁矩的方向应该与质子相同，而事实上中子的自旋磁矩是负值。

所以，必须认为，在中子内两个轨道的外侧不再是正以太，而各是半个单位电荷的负以太，因此中子的光轨中正以太被中和，而对应918个单位电荷的负以太在做圆周转动，产生了接近中子自旋磁矩的轨道磁矩。

而中子的另一个轨道内的电子其实是正电子，虽然它的旋转也会产生正值磁矩，但一个单位正电荷的旋转产生的影响太小，只能成为上述计算值与中子自旋磁矩测量值之间误差的一部分。

至此，还有很多值得一说的内容。

比如，在与"夸克假说"密切关联的"质子—电子深度非弹性散射"实验中，人们发现电子的方向会偶发偏转，似乎说明在质子内部存在一些硬核粒子。而在"质子—光子旋转模型"中，这只是其撞击到光轨，而后被光轨中光子与外侧以太所影响的结果。

如果中子轨道外侧的确是负电荷，那当负电荷外壳的中子与正电荷外壳的质子在原子核内时，是否应出现正负以太元素的直接作用？而这是否能解释在原子核内部，质子和中子之间的核力？

中微子

中微子具有无与伦比的穿透性，换句话说，它很难以与其他物质发生反应，所以难于了解它的各种属性，甚至内部结构。但在物质以太模型下，倒是有一个很合适的猜测：

> 单独的光子，其内正负以太元素的距离在周期性改变，在其空间重合时为聚合态，这时不体现电矢量，体现磁矢量，而更重要的是，这种状态下的光子，不容易与其他物质发生作用，所以具有更强的穿透性。

在第八章，我们介绍了物质以太模型下光子的四个要素。而如果有两个方向、能量、振动相位都相同，但相位方向不同的光子结合在一起，当一个光子内正负以太由聚合态转为分离态时，会与另一个光子的负正以太中和，使这个双光子结构内的所有正负以太，永久性处于聚合态，那这个结构除了还会受到引力场的影响，很难再与其他以太结构发生任何作用，这也许就是中微子的微观结构。

那么，质子或中子这种双轨道结构在特定时刻释放能量时，是否会发射出这样结构的中微子？也许这正是研究弱相互作用的契机。

电子

质子与中子由双轨道交错形成，两者都是球体结构，那电子会不会也是如此？

我们可以通过电子的自旋磁矩进行验证。但会发现，这是一个错误的方向。

如果电子与前者模型相同，则电子内光子的正以太元素与球壳上的负以太元素中和，电子变成一个单位的负电荷在球壳内光速转动，则：

$$电子磁矩 = I \times S = \left(e \times \frac{c}{2\pi r} \right) \times \left(\pi r^2 \right) = \frac{1}{2} ecr$$

经过实验测量，电子的自旋磁矩等于波尔磁子，这里的数据笔者不再代入，总归会得到这样一个结论：如果这个电子的模型与质子相同，则电子的半径会在 10^{-12} 米这样的尺度上。或者如果像当年洛伦兹那样采用电子的经典半径进行计算，会得到电子表面速度是 100 倍光速的结论。所以，这种假设被排除。

而其实，既然电子的自旋磁矩等于电子在基态轨道上的轨道磁矩，既然电子基态轨道的半径与速度具有数量关系，那这里就隐藏着这样的假设：

孤立电子在空间中并非静止，也是在做圆周运动，且圆周运动的轨道周长等于其物质波波长，那么，孤立电子在空间中旋转产生的轨道磁矩就是波尔磁子：

$$轨道磁矩 = I \times S = \left(e \times \frac{v}{2\pi r} \right) \times \left(\pi r^2 \right) = \frac{1}{2} evr = \frac{1}{2} evr$$

$$= \frac{1}{2} \times \frac{e}{m} (rp) = \frac{1}{2} \times \frac{e}{m} \times \hbar$$

这里笔者没有展开计算，但如果电子可以被看作，由正负以太构成的光子，与一个单位电荷的负以太构成的复合结构，两者在空间中的围绕旋转，即电子旋转的中心在电子外部，那计算到的自旋磁矩就与测量值相符，而这种模型下，更是无法测量到电子的半径，也因此，这便是对电子微观结构的猜测。

粒子的自旋角动量

需要特别注意，如果应用前文的思路，即将轨道周长与波长关联，无论是计算质子、中子还是电子的自旋角动量，其结果都会是 $\hbar$，而不是测量结果 $\dfrac{\hbar}{2}$。

让我们回忆一个细节：在前一部分计算不同电子层内可容纳的电子数量时，我们应用的不是轨道周长，而是表面积，因为电子会在球面范围内移动。

而如果在这里也能如此关联，即：$4\pi r^2 = \dfrac{h}{p} \cdot r$，就能得到 $\dfrac{\hbar}{2}$ 这个正确答案。

因此，当这些质量粒子从以太海中激发出能量以后，也会受到这些能量的影响，在一个作用周期内，于微小空间幅度内周期性移动，也所以，任何此类费米子的自旋角动量均为 $\dfrac{\hbar}{2}$。

关于其他微观粒子的一些猜测

质子与电子，是最基础也最稳定的两种质量粒子与电荷粒子，但在粒子物理学中，还有许多种属性各异的微观粒子，以及，这些粒子有一个共性——寿命短暂。

在物质以太的思路中，粒子其实是内部光子形成的以太平衡结构，而寿命短暂的粒子，也许无法达到完美的以太平衡，但既然能形成可被观测的粒子，那粒子内部的轨道就应当具有一些规律，或者满足一些条件。以及，轨道中可能是光子也可能会是电子，因为电子如果捕获大量能量，其速度也能接近光速，也可以进入原有光轨。

而大部分此类粒子都是在有质子参与的高能撞击后出现的，所以，我们可以怀疑在质子的稳定结构被破坏后，一些物质以太或者质量粒子，会以质子内部原有光轨内以太海的涡流为基础，形成临时性的稳定状态。

以这个猜测为基准，笔者整理了一些可能性。

第一种情况，有波长为质子半径 $6\sqrt{3}$ 倍的光子（或接近光速运动的电子），形成了某种粒子，可以计算出，这种粒子的能量（质量）会是电子的 277 倍。

这个情况是否可以对照 π 介子？

毕竟 π 介子的测量质量是电子的 273 倍。

第二种情况，有波长为质子半径 $8\sqrt{3}$ 倍的光子（或接近光速运动的电子），形成了某种粒子，可以计算出，这种粒子的能量（质量）会是电子的 208 倍。

现在，我们是否能关联渺子？

因为渺子的测量质量是电子的 207 倍。

而更有趣的是，π 介子的 $6\sqrt{3}$ 倍与渺子的 $8\sqrt{3}$ 倍存在明显的数字关联，而前者的衰变产物正是后者。

第三种情况，有波长为质子半径 $4\sqrt{2}$ 倍的光子（或接近光速运动的电子），形成了某种粒子，可以计算出，这种粒子的能量（质量）会是电子的 510 倍。

如果考虑 K 介子，其质量是电子的 1000 倍，所以，K 介子会不会由两个这样的光子或电子组成？

而进一步，在这个粒子衰变的过程中，是粒子先发生衰变，还是粒子两个轨道内的光子或电子先发生反应？这是否能解释 K 介子衰变时的多样性？

以上几种情况，也可以通过画图的方式表达。

比如长度 $6\sqrt{3}$ 倍质子半径的轨道，其实就是在质子外侧的正三角形，而长度为 $4\sqrt{2}$ 倍质子半径的轨道，可以看作质子内部的正方形。

如果顺着这样的思路尝试，还能得到许多模型，而被激发的以太海是否能形成如此轨道？这样的轨道是否能与这类短寿命粒子产生关联？

除了这些可被观测到的粒子，在现代物理学中还有这样一种认知：存在相互作用，即代表存在一种粒子。因此也出现了另一批新粒子，甚至很重要的粒子，比如虚光子。

但这些粒子真的存在么？还是应该采用物质以太的观念，用以太元素的直接作用与间接作用进行解释？比如用第七章的思路去解释电场对电荷粒子的作用，就只是以太海传递的以太作用，那么虚光子真的是一种粒子吗？

……

还有太多细节来不及一一言说，也有太多细致工作需更多专业人士参与，但如果微观粒子的大门可以由此打开，那真是一件美好的事。

（京）新登字 083 号

图书在版编目（CIP）数据

万物的规则：从已知到未知 / 田寒松著 . —北京：
中国青年出版社，2020.5
ISBN 978–7–5153–5995–3

Ⅰ . ①万…　Ⅱ . ①田…　Ⅲ . ①物理学 – 普及读物
Ⅳ . ① O4-49

中国版本图书馆 CIP 数据核字（2020）第 051763 号

中国青年出版社 出版　发行

社址：北京东四 12 条 21 号　邮政编码：100708
网址：http://www.cyp.com.cn
责任编辑：刘霜 Liushuangcyp@163.com
排版制作：飞和文化
编辑部电话：（010）57350508
发行部电话：（010）57350370
北京中科印刷有限公司印刷　新华书店经销
880×1230　1/32　8.5 印张　196 千字
2020 年 5 月北京第 1 版　2020 年 11 月北京第 2 次印刷
定价：58.00 元

本图书如有任何印装质量问题，请与出版部联系调换
联系电话：（010）57350337